就业技能培训教材

起重机械操作技能

（第2版）

主　编　方　维

中国劳动社会保障出版社

图书在版编目(CIP)数据

起重机械操作技能 / 方维主编. --2 版. --北京：中国劳动社会保障出版社，2025. --(就业技能培训教材). --ISBN 978-7-5167-6628-6

Ⅰ. TH210. 7

中国国家版本馆 CIP 数据核字第 2025VW0310 号

起重机械操作技能（第 2 版）

QIZHONG JIXIE CAOZUO JINENG

中国劳动社会保障出版社出版发行

（北京市惠新东街 1 号　邮政编码：100029）

*

北京昌联印刷有限公司印刷装订　　新华书店经销

880 毫米×1230 毫米　32 开本　6. 625 印张　158 千字

2025 年 5 月第 2 版　　2025 年 5 月第 1 次印刷

定价：19. 00 元

营销中心电话：400-606-6496

出版社网址：https://www. class. com. cn

前　言

为健全终身职业技能培训制度，适应职业技能培训高质量发展要求，进一步规范就业技能培训管理，提升培训的针对性和有效性，促进劳动者技能提升和就业，我们对原职业技能短期培训教材进行了优化升级，组织编写了就业技能培训系列教材。本套教材以相应职业（工种）的国家职业标准和岗位要求为依据，力求体现以下特点：

全。教材覆盖各类就业技能培训，涉及职业素质类，农业技能类，生产、运输业技能类，服务业技能类，其他技能类五大类。

精。教材中只讲述必要的知识和技能，强调实用和够用，将最有效的就业技能传授给受培训者。

易。内容通俗易懂，图文并茂，易于学习。

本套教材适合于各类就业技能培训。欢迎各单位和读者对教材中存在的不足之处提出宝贵意见和建议。

内容简介

本书是起重机械操作就业技能培训教材，在第一版的基础上结合起重机械操作技术发展和实用性对内容进行了调整和完善。本书的主要内容包括起重机械基础知识、吊具与索具、常用起重工具和小型起重设备、桥门式起重机和流动式起重机的安全操作及起重机械司索与指挥相关内容。

全书图文并茂，语言通俗易懂，内容紧密结合工作实际，突出技能操作，便于学员更好地掌握钳工基础知识和基本技能。

本书适合于就业技能培训使用。通过培训，初学者或具有一定基础的人员可以达到从事起重机械操作工作的基本要求。本书还可供起重机械操作爱好者学习参考。

本书由方维、高良、李芳编写，其中方维编写第 1、第 2 单元，高良编写第 3、第 5 单元，李芳编写第 4、第 6 单元。

目　录

第 1 单元

起重机械基础知识

模块 1　起重机械的定义

起重机械是一种通过吊钩或其他吊装装置悬挂和移动重物的机械设备，其主要功能包括进行垂直升降和水平移动，以完成吊装和搬运等循环性作业任务，能够有效地减轻人力劳动的负担，提高作业效率，并且能够执行一些特殊的工艺操作。起重机械被广泛应用于各个国民经济领域。起重机械可以用来搬运各种不同类型的物品，包括常见的成品（如集装箱、机械设备等），大量的散装物料或液体物料（如水泥、粮食、矿石、油料等），有时甚至用于处理一些高危险性物品，比如高温、易燃易爆、有毒或有放射性的物品。因此，起重机械被归类为高危险性的特种设备之一，受到国家法规的严格监管。

《质检总局关于修订〈特种设备目录〉的公告》（2014 年第 114 号）中的定义：起重机械是指用于垂直升降或者垂直升降并水平移动重物的机电设备，其范围规定为额定起重量大于或者等于 0.5 t 的升降机；额定起重量大于或者等于 3 t（或额定起重力矩大于或者等于 40 t · m 的塔式起重机，或生产率大于或者等于 300 t/h 的装卸桥），且提升高度大于或者等于 2 m 的起重机；层数大于或者等于 2 层的机械式停车设备。

模块 2　起重机械的分类

根据《起重机　术语　第 1 部分：通用术语》（GB/T 6974. 1—2008）中对起重机械的分类是：按构造分类，有桥架式、缆索式、臂架型起重机等；按取物装置分类，有吊钩、抓斗、电磁、铸造、集装箱起重机等；按移动方式分类，有固定式、爬升式、行走式起重机等；按驱动方式分类，有手动、电动、液压起重机等；按回转能力分类，有回转、非回转起重机；按支撑方式分类，有支撑式、悬挂式起重机；按操作方式分类，有司机式操纵、地面操纵、遥控操纵起重机。

为了保证起重机械的安全运行，国家将它列为特种设备并进行目录管理，按照《特种设备目录（2014 版）》的规定，起重机械为特种设备的 1 个“种类”，主要分为桥式起重机、门式起重机、塔式起重机、流动式起重机、门座式起重机、升降机、缆索式起重机、桅杆式起重机、机械式停车设备等 9 个类别，在每个类别的基础上再细分成 25 个品种。在实际企业和工程应用中，桥式起重机、门式起重机（本书中合并简称为桥门式起重机）和流动式起重机使用范围较为广泛，且作业环境复杂，需要多个作业人员之间的密切配合，因此本书对桥门式起重机和流动式起重机的安全操作进行重点讲解。

一、桥门式起重机

桥门式起重机是指金属结构由单根（或多根）主梁为主形成直线型（或门型）桥架特征的一大类起重机，一般配置有起升和大、小车运行机构，特定情况还可设有回转或变幅机构。一般在固定的车间或地面轨道上用于装卸和搬运物料，具有承载能力大（支承平面内吊载）、稳定性好、适应性强等特点，广泛应用于一般工业企业的车间、仓库、货场、港口码头等，如图 1–1、图 1–2 所示。

图 1–1　通用桥式起重机

图 1–2　通用门式起重机

1. 桥式起重机的分类

桥式起重机通常由桥架上的起重小车（包括主、副起升机构和小车运行机构）、大车运行机构和电气控制系统等部分构成，通过起重小车在主梁轨道上运行以及整机在牛腿轨道上运行，从而实现被吊运物品在立体空间运动，广泛应用于室内外厂房仓库以及生产工艺过程中等。

根据结构类型和使用用途等的不同，《特种设备目录（2014 版）》中将桥式起重机细分为 6 个品种，分别为通用桥式起重机、防爆桥式起重机、绝缘桥式起重机、冶金桥式起重机、电动单梁起重机和电动葫芦桥式起重机。

桥式起重机还可以根据主梁结构不同分为箱型结构、桁架结构、管式结构桥式起重机。其中，利用型钢（工字钢）和钢板制成的简单截面梁式起重机在企业中得到了十分广泛的应用，这种起重机多采用电动葫芦作为起重小车，因此被称为电动单梁桥式起重机，如图 1–3 所示。

图 1–3　电动单梁桥式起重机

2. 门式起重机的分类

根据结构类型和使用用途等的不同，《特种设备目录（2014 版）》中将门式起重机细分为通用门式起重机、防爆门式起重机、轨道式集装箱门式起重机、轮胎式集装箱门式起重机、岸边集装箱起重机、造船门式起重机、电动葫芦门式起重机、装卸桥和架桥机。

门式起重机还可以根据主梁结构不同分为单主梁和双主梁门式起重机、箱型主梁和桁架主梁门式起重机，其中，单主梁门式起重机根据支腿形式可分为 L 型单主梁门式起重机、C 型单主梁门式起重机，如图 1-4、图 1-5 所示。L 型的制造与安装方便，受力情况好，自身重量较小，但是吊运货物通过支腿处的空间相对小一些；C 型的支脚做成倾斜或弯曲形，目的在于有较大的横向空间，可以使货物顺利通过支腿。

图 1-4　L 型单主梁门式起重机

图 1-5　C 型单主梁门式起重机

二、流动式起重机

根据结构类型和使用用途等的不同，《特种设备目录（2014版）》中将流动式起重机细分为轮胎起重机、履带起重机、集装箱正面吊运起重机和铁路起重机。需要注意的是，根据《特种设备目录（2014版）》，汽车起重机不再纳入特种设备安全监管范围，特种设备法律法规规范对汽车起重机不适用。

轮胎起重机是利用轮胎式底盘行走的动臂旋转起重机，可以在工地或者其他需要的地方自由移动，适用于各种各样的工程项目，如建筑工地、码头、仓库等，能够灵活、快速地进行吊装、装卸和搬运工作，如图1-6所示。其上部构造与履带式起重机基本相同，起升机构安装在加重型轮胎和轮轴组成的特制底盘上。为了保证作业时机身的稳定性，一般设有4个可伸缩的支腿，在坚固平坦地面上可不用支腿进行小起重量吊装及吊物低速行驶。

图1-6　轮胎起重机

履带式起重机是一种利用履带行走的动臂旋转起重机，如图1-7所示。履带接地面积大，通过性好，适应性强，在平坦坚实的道路上还可负载行走，适用于建筑工地的吊装作业，更换工作装置后可成为挖土机或打桩机，是一种多功能机械。但它行走速度缓慢，长距离转移工地需要其他车辆搬运。

图 1-7　履带起重机

集装箱正面吊运起重机是一种具有较高灵活性的集装箱堆码和搬运机械，如图 1-8 所示。其结构特点是在自行轮胎底盘上装有可伸缩、俯仰的臂架，配备有能伸缩和旋转的国际标准集装箱专用吊具，能在整车荷载行进中进行臂架伸缩、俯仰和吊具回转，广泛应用于集装箱码头、堆场和中转站。

图 1-8　集装箱正面吊运起重机

铁路起重机是安装在专用底架上并沿铁路轨道运行，用来从事装卸作业、设备安装及铁路机车、车辆颠覆等事故救援的臂架型铁路起重机，如图 1-9 所示。

图 1-9　臂架型铁路起重机

三、塔式起重机

塔式起重机是指臂架安装于直立高塔顶部的回转式臂架型起重机（简称塔机或塔吊），广泛应用于建筑、水电、造船等行业，是现代工业与民用建筑工程中重要的施工机械，如图 1-10 所示。《特种设备目录（2014 版）》中将塔式起重机分为普通塔式起重机和电站塔式起重机，其中电站塔式起重机主要用于火电站的建设。

塔式起重机在日常使用中分类方法较多，按架设方式分为快装式塔式起重机和非快装式塔式起重机；按变幅方式分为小车变幅式塔式起重机和动臂变幅式塔式起重机；按回转方式分为上回转式塔式起重机和下回转式塔式起重机；按起重臂支承方式可以分为塔头式塔式起重机和平头式塔式起重机；按使用方式可以分为轨行、固定、附着、内爬四种形式。

图 1-10　塔式起重机

塔式起重机通常配置有起升、变幅、回转机构，有时也具有调整性运行机构，其起重能力相对较小，变幅多采用牵引小车式水平变幅方案，常用吊具为吊钩等。塔式起重机的金属结构通常由塔身、塔头/平头、起重臂、平衡臂、对重、回转平台、底架及台车架（或固定基础）等组成，高大直立的塔身和长臂架组成“T”型典型特征，极易近距离靠近并覆盖建筑物，幅度利用率高达 80%，有效作业空间大。整体结构采用格构桁架式组拼装配，具有构造轻巧、装拆操作简便、便于搬迁、适应性强等特点。

塔式起重机由金属结构、工作机构和电气系统三部分组成：金属结构包括塔身、动臂和底座等；工作机构包括起升、变幅、回转和行走四部分；电气系统包括电动机、控制器、配电柜、连接线路、信号及照明装置等。塔式起重机作业空间大，主要用于房屋建筑施工中物料的垂直和水平输送及建筑构件的安装。

四、门座式起重机

门座式起重机是一种将主机安装在一个立体门形或半门形座架上并可沿地面轨道移动的回转臂架式起重机，如图 1-11 所示为单臂架式门座机重机。其门座下方可通行火车或其他车辆，主要用于港口、码头、船厂等场合。《特种设备目录（2014 版）》中将门座式起重机分为门座起重机和固定式起重机两种。

图 1-11　单臂架式门座起重机

门座起重机在实际使用中，根据臂架、门架、回转机构等形式的不同，可以分为以下几种：按臂架构造型式和变幅补偿方式，可分为单臂架式门座起重机（绳索补偿法）和四连杆式门座起重机（组合臂架法）；按门架结构型式，可分为圆筒式门座起重机、交叉式门座起重机、撑杆式门座起重机和桁架式门座起重机；按回转支承类型，可分为转盘式门座起重机和柱式门座起重机；按用途和使用场合，可分为港口门座起重机、船厂门座起重机和水利电力门座起重机等。

固定式起重机是固定在基础上或支承在基座上且只能原地工作的起重机，可以进行岸与船之间的装卸作业，其工作效率高，作业稳定性好，运转灵活，特别适用于内河码头的装卸作业，如图 1-12 所示。

图 1-12　固定式起重机

五、升降机

《特种设备目录（2014 版）》中将升降机分为施工升降机和简易升降机两种。

施工升降机是指临时安装的，带有导向的平台、吊笼或其他运载装置并可在建设施工工地各层站停靠服务的升降机械，如图 1-13 所示。一般依据驱动方式的不同分为齿轮齿条式升降机、液压式升降机和钢丝绳式升降机三种。

简易升降机是以曳引机、卷扬机、电动葫芦、液压泵站等作为驱动装置，通过钢丝绳、齿轮齿条、链条或液压油缸等部件带动货厢，在井道内沿垂直或垂直方向且倾斜角小于 15°刚性导向装置运行的，仅用于运载货物的起重机械。根据驱动方式的不同，可以分为强制式（电动葫芦或卷扬机驱动）简易升降机、曳引式（曳引机驱动）简易升降机和液压直顶式简易升降机三种。

图 1-13　施工升降机

模块 3　起重机械的基本参数

起重机械的基本参数用来表征起重机械的作业能力，既是起重机械工作性能的指标，也是设计起重机械的基本依据。起重机械的基本参数有额定起重量、起重力矩、起升高度、跨度（桥门式起重机）、幅度（臂架式起重机）、机构运行速度等。在起重吊运作业中，这些参数是选用各类起重机械的重要依据。

1. 额定起重量

额定起重量是指在正常工作条件下，对于给定的起重机械类型和载荷位置，起重机械设计能起升的最大净起重量。

起重机械的取物装置本身的重量（除吊钩组以外），一般应包括在额定起重量之中，如抓斗、起重电磁铁、挂梁、翻钢机及各种辅助吊具的重量。

2. 最大起重量

最大起重量是指在正常工作条件下，对于给定的起重机械类型和载荷位置，起重机械允许吊起的最大额定起重量。

3. 跨度

跨度是指桥架型起重机运行轨道中心线之间的水平距离。

4. 轨距

轨距是指钢轨轨道中心线或起重机运行车轮踏面中心线之间的水平距离。按下列三种情况定义：

（1）对于臂架型起重机，轨距为钢轨轨道中心线或起重机运行车轮踏面（或履带）中心线之间的水平距离。

（2）对于铁路起重机，轨距为运行线路两钢轨头部顶面下内侧面 16 mm 处的水平距离。

（3）对于起重小车，轨距为运行线路钢轨轨道中心线之间的距离。

5. 幅度

幅度是指起重机置于水平场地时，从其回转平台的回转中心线至取物装置（空载时）垂直中心线的水平距离。

注 1：空载时幅度符号为 L_0。

注 2：带载时幅度符号为 L_1。

6. 起重力矩

起重量与幅度的乘积称为起重力矩（载荷力矩），额定起重量与最小幅度的乘积称为额定起重力矩。

7. 起升高度

起升高度是指起重机械支承面至取物装置最高工作位置之间的垂直距离。

注 1：对于吊钩和货叉，起升高度量至其支承面。

注 2：对于其他取物装置，起升高度量至其最低点（闭合状态）。

注 3：对于桥式起重机，起升高度从地平面量起。测定起升高度时，起重机械空载置于水平场地上。

8. 下降深度

下降深度是指起重机械支承面至取物装置最低工作位置之间的垂直距离。

注 1：对于吊钩和货叉，下降深度量至其支承面。

注 2：对于其他取物装置，下降深度量至其最低点（闭合状态）。

注 3：对于桥式起重机，下降深度从地平面量起。测量下降深度时，起重机械空载置于水平场地上。

9. 起升范围

起升范围是指取物装置最高和最低工作位置之间的垂直距离。

10. 运行速度

运行速度也称工作速度，根据起重机械工作机构的不同可分为以下几种：

（1）起升（下降）速度。即在稳定运动状态下，工作载荷的垂直位移速度（m/min）。

（2）回转速度。即在稳定运动状态下，起重机械回转部分的回转角速度（最大幅度，带额定载荷）（r/min）。

（3）运行速度。即在稳定运动状态下，起重机械的水平位移速度（m/min）。

（4）小车运行速度。即在稳定运动状态下，小车水平移动时的速度（m/min）。

（5）变幅速度。即在稳定运动状态下，额定载荷在变幅平面内水平位移的平均速度（m/min）。规定为离地平面 10 m 高度处，风速小于 3 m/s 时，起重机在水平地面上，幅度从最大值至最小值的平均速度（m/min）。

11. 变幅时间

变幅时间是指起重机械幅度从最大值变成最小值所需的时间。

12. 起重特性曲线

起重特性曲线是指表示起重作业性能的曲线，由起重量曲线和起升高度曲线组成，表示起重量幅度改变的曲线。起重量曲线规定了在特定幅度下，允许起吊的最大重量。司机在操作时，应严格按给出的数据作业，对于发生事故的起重机，起重量曲线是分析事故的一个重要依据。

13. 工作级别

起重机械的工作级别是表征其基本能力的综合参数，用户可根据使用的工艺要求选择适当工作级别的起重机械，以达到既适用又经济的目的。起重机械的工作级别是按起重机械的利用等级和载荷状态来划分的，根据利用等级（整个设计使用寿命期内，总的工作循环次数）和载荷状态，划分为 A_1~A_8 8 种工作级别，见表 1-1。其中，A_1~A_4 级别为轻型，A_5~A_6 级别为中型，A_7 级别为重型，A_8 级别为特重型。

表 1-1　　　　工作级别

载荷状态级别	载荷谱系数 K_P	使用等级									
		U_0	U_1	U_2	U_3	U_4	U_5	U_6	U_7	U_8	U_9
Q_1	$K_P \leq 0.125$	A_1	A_1	A_1	A_2	A_3	A_4	A_5	A_6	A_7	A_8
Q_2	$0.125 < K_P \leq 0.250$	A_1	A_1	A_2	A_3	A_4	A_5	A_6	A_7	A_8	A_8
Q_3	$0.250 < K_P \leq 0.500$	A_1	A_2	A_3	A_4	A_5	A_6	A_7	A_8	A_8	A_8
Q_4	$0.500 < K_P \leq 1.000$	A_2	A_3	A_4	A_5	A_6	A_7	A_8	A_8	A_8	A_8

起重机械的载荷状态是表明起重机械受载的轻重程度，载荷状态级别按照名义载荷谱系数分为 $Q_1 \sim Q_4$ 四级，见表 1-2。

表 1-2　载荷状态级别

载荷状态级别	载荷谱系数 K_P	说明
Q_1	$K_P \leqslant 0.125$	很少吊运额定载荷，经常吊运较轻载荷
Q_2	$0.125 < K_P \leqslant 0.250$	较少吊运额定载荷，经常吊运中等载荷
Q_3	$0.250 < K_P \leqslant 0.500$	有时吊运额定载荷，较多吊运较重载荷
Q_4	$0.500 < K_P \leqslant 1.000$	经常吊运额定载荷

起重机械的使用等级是按起重机械设计使用寿命内总的工作循环次数 C_T 来划分的，共分为 10 级，见表 1-3。

表 1-3　使用等级

使用等级	总工作循环数 C_T	使用频繁程度
U_0	$C_T \leqslant 1.60 \times 10^4$	很少使用
U_1	$1.60 \times 10^4 < C_T \leqslant 3.20 \times 10^4$	
U_2	$3.20 \times 10^4 < C_T \leqslant 6.30 \times 10^4$	
U_3	$6.30 \times 10^4 < C_T \leqslant 1.25 \times 10^5$	
U_4	$1.25 \times 10^5 < C_T \leqslant 2.50 \times 10^5$	不频繁使用
U_5	$2.50 \times 10^5 < C_T \leqslant 5.00 \times 10^5$	中等频繁使用
U_6	$5.00 \times 10^5 < C_T \leqslant 1.00 \times 10^6$	较频繁使用
U_7	$1.00 \times 10^6 < C_T \leqslant 2.00 \times 10^6$	频繁使用
U_8	$2.00 \times 10^6 < C_T \leqslant 4.00 \times 10^6$	特别频繁使用
U_9	$4.00 \times 10^6 < C_T$	

模块 4　起重机械的安全防护装置

为保证相关人员的人身安全和在意外情况下起重机械不被损

坏，各类起重机械上除常用的电气保护装置、声音信号和警示灯外，还安装有多种安全防护装置，常见的有各种类型的行程限位器、缓冲器及端部止挡、防偏斜装置、抗风防滑装置、超载保护装置等。

一、行程限位装置

行程限位装置是用来限制各工作机构超越运动行程范围的一种安全防护装置，一般由执行机构和触发机构两部分组成，起重机械的工作机构对运动行程有所要求时，均应装设行程限位装置。

行程限位装置有两类：一类是保护起升机构安全运行的起升高度限位器（包括上升极限位置限制器和下降极限位置限制器），另一类是限制运行机构运行范围的行程限位装置（包括行程限位器、回转限位器、幅度限位器等）。

1. 起升高度限位器

上升极限位置限位器用于限制取物装置的起升高度，当吊具起升到上极限位置时，高度限位器能自动切断电源，使起升机构停止运转，防止吊钩等取物装置继续上升并拉断起升钢丝绳，避免发生重物坠落事故；下降极限位置限位器在限制取物装置下降至最低位置时自动切断电源，使起升机构的下降运动停止，此时应保证钢丝绳在卷筒上的安全圈符合有关要求。

需要注意的是，吊运炽热金属、易燃易爆或有毒物品等危险品的起升机构应设置两套上升极限位置限位器，且两套上升极限位置限位器动作应有先后，并尽量采用不同结构形式和控制不同的回路。

目前广泛使用的起升高度限位器有重锤式高度限位器、断火式高度限位器、压板式高度限位器、传动式起升高度限位器等。

（1）重锤式高度限位器。其又称防过卷开关，主要由重锤、限位开关及钢丝绳组成，如图 1-14 所示。重锤式高度限位器结构简单，安装与维修方便，稳定性好，成本低，广泛应用在一些不方便与卷筒直接连接的场合，如卷扬机构和电动葫芦中。

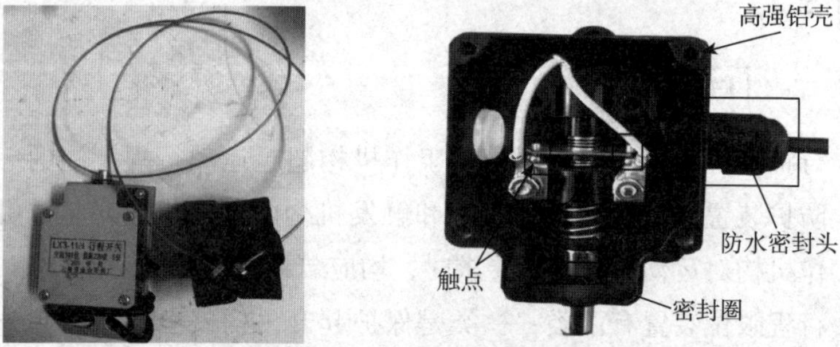

图 1-14　重锤式高度限位器

其工作原理：重锤穿过钢丝绳，通过钢丝绳与限位开关上的拉杆连接。正常状态下，重锤因为重力向下拉动拉杆，开关处于常闭状态，使限位开关处于通电状态，起升机构正常工作。当起升机构超过规定范围继续向上运动时，重锤受到滑轮组施加的支承力，滑轮组就会抬动重锤，致使限位开关打开触头而切断起升机构控制回路，机构停止运转，吊钩停止上升；而向下运动的电路仍然接通，故可使重物下降。

（2）断火式高度限位器。断火式高度限位器由断火限位器和导杆组成，主要由动静触头、推拉杆、基座、盖及壳体等组成，通常安装在电动葫芦起升电动机接线盒上，用来限制起升机构在一定安全范围内运行，如图 1-15 所示。

其工作原理：通过开关串联在电源主回路中，控制火线的通断来实现限位动作。当吊钩上升或下降到一定极限位置时，钢丝绳导绳器卡板拨动导杆带动断火限位器推拉杆运动，推拉杆产生推或拉的动作，使断火开关内的一对动静触头分断，切断主电源，从而起限位作用。当推拉杆及动作杆复位时，在弹簧力的作用下，触头同时重新闭合。

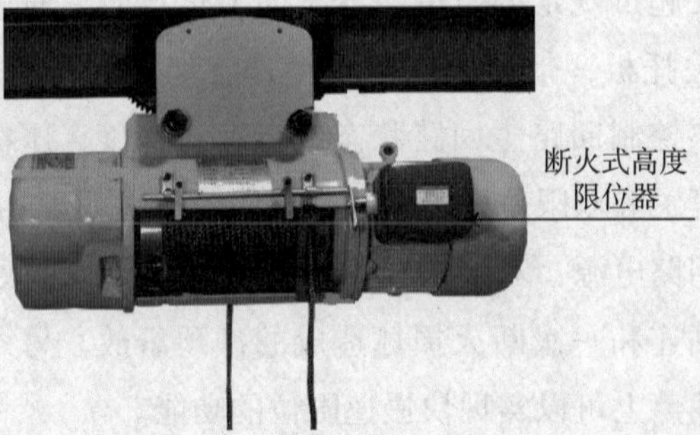

图 1-15　断火式高度限位器

（3）压板式高度限位器。压板式高度限位器通过重锤和压板的联动碰触开关来实现起升控制回路的通断，该限位装置主要应用于采用电动葫芦作为起升机构的起重机上，如图 1-16 所示。

图 1-16　压板式高度限位器

其工作原理：压板式高度限位器一般安装于钢丝绳上限位位置，压板朝下布置，触碰开关与控制回路串联，一般处于常闭状态。当吊钩上升时，超过规定的范围，继续向上运行时，通过上升的吊钩滑轮碰触开关托板，带动下端触点动作，切断起升机构控制回路，可以实现调整控制回路主回路状态或者运行速度。压板式高度限位器有单限位开关和双限位开关两种：单限位开关主要用于高度限位，直接分断主回路电源；双限位开关可以增加一次高度限位保护功能，防止接触器粘连和一次断火损坏造成的冲顶事故。另外双限位开关在双速电动葫芦上可以实现快慢速限位的功能。

（4）传动式高度限位器。在各种类型高度限位器中，传动式高度限位器可以直接与卷筒相连，具有更高的可靠性、精确性，因此传动式限位器通常是首选。传动式高度限位器常见的形式有蜗轮蜗杆式、螺杆式等。螺杆式高度限位器因摩擦较大，螺杆装置易磨损，容易影响实际使用效果，因此工程实际中应用较多的传动式高度限位器是蜗轮蜗杆式高度限位器，如图 1-17 所示。

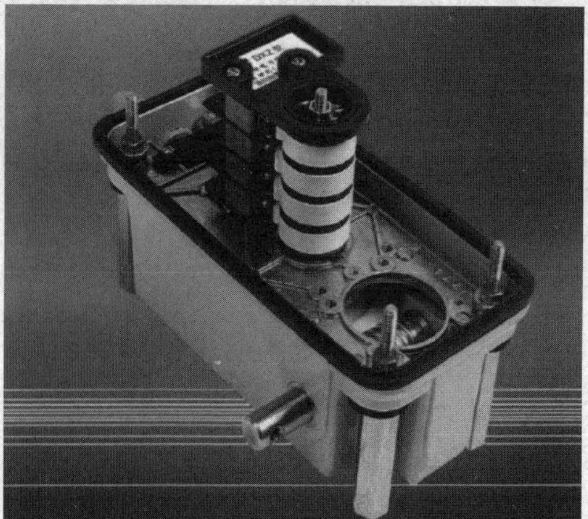

图 1-17　蜗轮蜗杆式高度限位器

蜗轮蜗杆式高度限位器的工作原理：通过在卷筒轴尾部安装的传动比较大的蜗轮蜗杆减速器，起升机构动作时卷筒轴带动蜗杆、蜗轮转动，在蜗轮轴上的凸轮随之转动，依靠凸轮与微动限位开关的触点相接触或松开，完成电源的切断或导通，使控制回路的保护开关动作，实现上升和下降位置的限制。

2. 行程限位装置

行程限位装置又称限位开关，是一种根据运动部件的行程位置而切换电路的电气装置，用于控制起重机械各运行机构的行程范围及终端限位保护。将行程限位装置安装在预先设计好的位置，当起重机械运动部件上的机械挡块撞击限位开关或回转机构旋转至规定位置时，行程开关的触点动作，实现电路的切换。在实际应用中，根据运行机构类型的不同，行程限位装置包括运行行程限位器、回转限位器、幅度限位器等。

（1）运行行程限位器。凡是有轨运行的各种类型起重机械和起重小车（悬挂型电动葫芦运行小车除外）应在每个运行方向装设运行机构行程限位器，在达到设计规定的极限位置时自动切断前进方向的动力源。在运行速度较高（如大于 100 m/min）或停车定位要求较严的情况下，宜根据需要装设两级运行机构行程限位器，第一级发出减速信号并按规定要求减速，第二级应能自动断电并停车。如果在正常作业时起重机械经常到达运行的极限位置，则司机室的最大减速度不应超过 2.5 m/s^2。运行行程限位器由安全撞尺和行程限位开关组成，装设在规定的轨道极限位置旁，如图 1-18 所示。

其工作原理：当起重机械运行到极限位置后，安全撞尺触动限位开关的传动柄或触头，带动限位开关内的闭合触头分开而切断电源，运行机构将停止运转，起重机械将在允许的制动距离内停车，避免硬性碰撞止挡装置，从而对运行的起重机产生较大的冲击碰撞力。

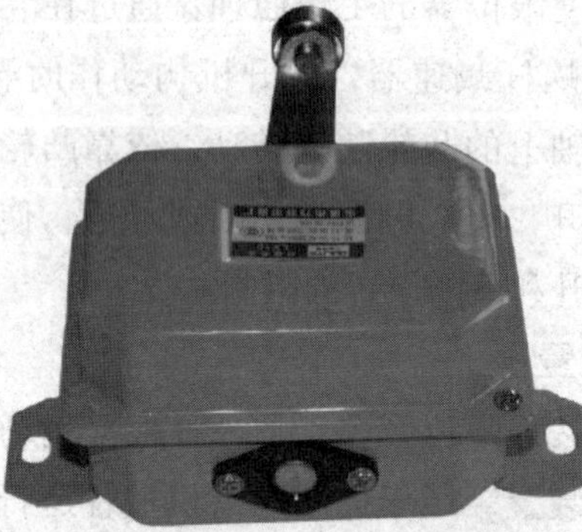

图1-18　运行行程限位器

（2）回转限位器。具有回转机构的起重机械，在不设回转集电滑环或需要限制回转行程范围时，回转机构应装设回转角度（行程）限位器。

最常用的回转限位器是由带有减速装置的限位开关和小齿轮组成的，其工作原理：回转限位器固定在回转机构的支座结构上，小齿轮与回转支承的大齿轮啮合。当回转机构电动机驱动起重机械上回转部分转动时，通过大齿圈带动回转限位器的小齿轮转动，回转圈数即被记录下来，回转限位器的减速装置带动凸轮，凸轮上的凸块压下微动开关，从而切断相应的回转控制回路，停止回转运动，避免卷断回转机构内部供电电缆或与其他障碍物产生碰撞。如图1-19所示。

（3）幅度限位器。具有变幅机构的起重机械，应装设幅度指示器（或臂架仰角指示器）。对于动力驱动的动臂变幅起重机械（液压变幅除外），应在其臂架仰行程的极限位置处装设臂架低位置和高位置幅度限位器，如图1-20所示。对于采用移动小车变幅的塔式起重机，应装设幅度限位装置，以防止可移动的起重小车快速达到其最大幅度或最小幅度处；最大变幅速度超过40 m/min的起重机，在小车向外运行且当起重力矩达到额定值的 80%时，应自动转换为低速运行。

图 1-19　回转限位器

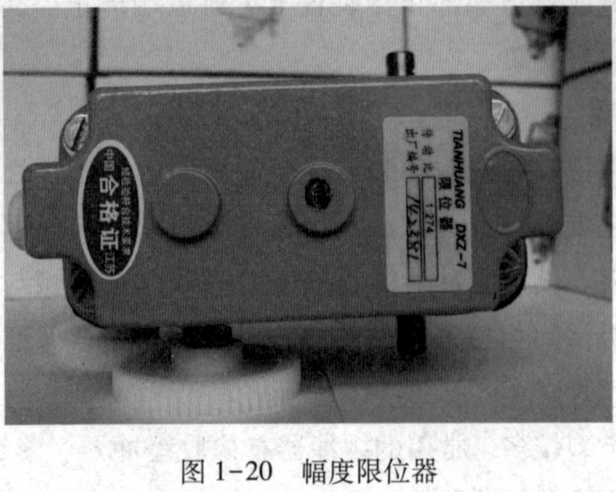

图 1-20　幅度限位器

幅度指示器和幅度限位器安装在具有变幅机构的起重机械上，用来准确地动态指示（或控制）起重臂架所在的幅度位置及其幅度变化，并限制变幅机构的极限行程，同时为起重力矩限制器提供幅度信息，使臂架类起重机械能按照设定的起重性能安全作业。其指示功能和限位功能可分离实现也可合为一体，通常由幅度信号发送装置和幅度信号接收装置（执行机构）两部分组成，根据工作原理的不同，可分为机械式（重力摆针刻度盘式、四连杆式等）和余弦电位器式（重锤式、连杆式等）两种。

一般的小型动臂起重机械多采用重力摆针刻度盘式，其工作原理：在固定的圆形指示盘中心装一个铅垂的活动指针，变幅时指针指示出各种幅度下的额定起重量。当臂架运行到上下两个极限位置时，分别压下限位开关，切断主控电路，变幅电动机停车，达到限位的作用。

二、缓冲器及端部止挡

在轨道上运行的起重机械的运行机构、起重小车的运行机构及变幅机构等均应装设缓冲器或缓冲装置，缓冲器或缓冲装置可以安装在起重机械或轨道端部止挡装置上。轨道端部止挡装置应牢固可靠，防止起重机脱轨。

1. 缓冲器

当行程限位装置或制动装置发生故障时，由于惯性的原因，运行到终点的起重机械或起重小车，将在运行终点与端部止挡或相邻起重机械相撞。设置缓冲器的目的就是吸收起重机械与端部止挡相撞时或起重机械间相撞产生的动能，以减缓冲击，保证起重机械平稳停车。

缓冲器类型较多，常用的缓冲器有橡胶缓冲器、聚氨酯缓冲器、弹簧缓冲器和液压缓冲器等。

（1）橡胶缓冲器。橡胶缓冲器具有结构简单、制造方便、可以用于防爆环境等优点，但它所能吸收的能量较小，一般用于运行速度不超过 50 m/min 的起重机械上，主要起到阻挡作用，如图 1-21 所示。它不宜用于环境温度过高或过低的场所，使用橡胶缓冲器缓冲时应注意防止松脱，经常检查橡胶是否老化，如有老化变质现象，要及时更换。

图 1-21　橡胶缓冲器

（2）聚氨酯缓冲器。聚氨酯缓冲器结构形式接近橡胶缓冲器，如图 1-22 所示。内部含有大量微孔，其吸收能量大，能量吸收能力可接近 40%，同时具有良好的耐油性、耐老化性、耐腐蚀性，可以用于高温、低温、绝缘、防爆等环境场合，且价格低廉，安装简单，国内的起重设备上大量采用，大有替代橡胶缓冲器和弹簧缓冲器之势。

（3）弹簧缓冲器。弹簧缓冲器主要由碰头、弹簧和壳体等组成，如图 1-23 所示。其特点是结构简单，使用可靠，维修方便，同时不受温度影响，因此使用广泛。在缓冲过程中，其能量主要转变为弹簧的压缩势能，因而具有较大的反弹力，一般宜用在运行速度为 50~120 m/min 的起重机械上。

（4）液压缓冲器。液压缓冲器主要结构由液压缸缸体、活塞、

图 1-22　聚氨酯缓冲器

图 1-23　弹簧缓冲器

活塞杆、撞头、弹簧等组成，如图 1-24 所示。当液压缓冲器受到撞击后，推动撞头、活塞及弹簧移动。活塞移动时压缩液压缸内的液压油，液压油由液压缸筒流经顶杆与活塞的底部环形间隙并进入储油腔，从而起到了缓冲作用。在整个缓冲行程中，可提供一个近乎恒定的阻力，过程中产生的所有动能皆转为热能，散发至周围环境中。液压缓冲器具有无反弹作用、缓冲力恒定、吸收能量大、缓冲行程短（为弹簧缓冲器的一半）、外形尺寸小等优点，适用于碰撞速度大于 2 m/min 或碰撞动能大的起重机。

2. 端部止挡

图 1-24　液压缓冲器

在轨道式起重机械使用过程中，为防止因行程限位失效、接触器粘连、台风等原因导致起重机械滑出轨道终端而造成脱轨倾覆事故，因此要求轨道式起重机械都应装设轨道端部止挡，作为起重机械运行的最后一道安全防线，确保在极端情况下起重机械不至于冲出轨道。端部止挡有钢挡、木挡、土挡（轨道端部围起土堆）等多种形式，起重机械上用钢制止挡较多，其外形一般采用三角形结构，底部通常采用焊接方式与承轨梁连接在一起，露天的门式起重机常采用焊接加预埋螺栓的固定形式，如图 1-25 所示。

图 1-25　端部止挡

三、防偏斜装置

《起重机械安全规程　第1部分：总则》（GB/T 6067.1—2010）中规定：跨度大于40 m的门式起重机和装卸桥宜装设偏斜指示器或限制器。当两侧支腿运行不同步而发生偏斜时，能向司机指示出偏斜情况。在达到设计规定值时，还应使运行偏斜得到调整和纠正。

大跨度的门式起重机和装卸桥的两边支腿，由于车轮制造、安装偏差、传动机构的偏差以及运行阻力不同等原因，会使起重机械两侧运行机构出现相对超前或滞后的现象，导致起重机械主梁与前进方向发生偏斜。这种偏斜轻则造成大车车轮啃轨，重则会导致桥架损坏，甚至发生倒塌事故。门式起重机运行的偏斜量一般控制在跨度0.5%以内，跨度范围为40～70 m的龙门起重机允许偏斜量在200～300 mm范围内；跨度范围为100～120 m的门起重机和装卸桥允许偏斜量为500～600 mm。

为了防止大跨度的门式起重机和装卸桥在运行过程中产生过大的偏斜，通过设置偏斜限制器、偏斜指示器或偏斜调整装置等，来保证支腿在运行中不出现超偏现象，即通过机械和电器的联锁装置，将超前或滞后的支腿调整到正常位置，以防桥架被扭坏。当桥架偏斜达到一定量时，向司机发出信号或自动进行调整；当超过许用偏斜量时，自行切断电源，使运行机构停止运行，保证起重机械的安全。

常见的防偏斜装置有钢丝绳式防偏斜装置、凸轮式防偏斜装置、链式防偏斜装置和电动式防偏斜指示器及其自动调整装置等。

四、抗风防滑装置

露天工作的轨道式起重机械，必须安装可靠的抗风防滑装置，以防止起重机械被大风吹走或吹倒而造成严重事故。《起重机械安全规程　第 1 部分：总则》（GB/T 6067.1—2010）中规定：室外工作的轨道式起重机应装设可靠的抗风防滑装置，并应满足规定的工作状态和非工作状态抗风防滑要求。

抗风防滑装置分为抗风制动装置和锚定装置，抗风制动装置的型式有防爬铁鞋、夹轨器、顶轨器、压轨器、轮边制动器等，锚定装置有插板式和插销式等类型。

1. 抗风制动装置

（1）防爬铁鞋。防爬铁鞋是一种简易的防风制动装置，如图 1–26 所示。由于其可靠性差，只用在一些防风要求不高的中小型起重机械上。将防爬铁鞋置于行走轮下的轨道上，当行走轮滚动到防爬铁鞋上时，由于防爬铁鞋的作用使行走轮的滚动停止，行走轮的滚动变成防爬铁鞋与轨道面的滑动摩擦，产生的摩擦力将行走轮锁死，起到防滑的作用。防爬铁鞋是一个简单、经济、实用的防滑装置，多个防爬铁鞋的实际使用防滑效果很好，缺点是需人工放置，不能与行走机构联锁，无法应对突发阵风的情况。

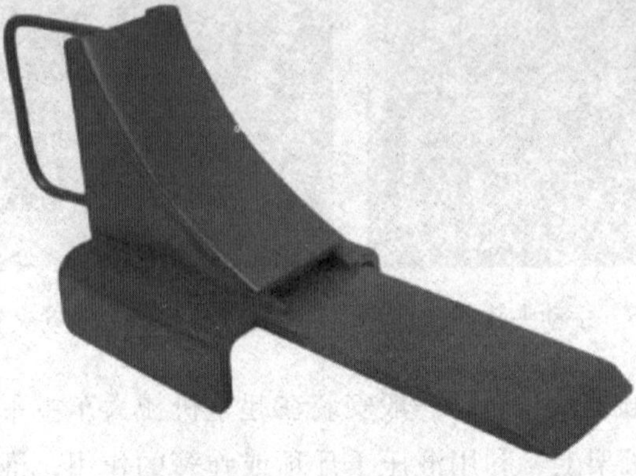

图 1–26　防爬铁鞋

（2）夹轨器。根据工作原理来分，夹轨器一般可分为手动夹轨器和自动夹轨器。手动夹轨器一般为螺杆式，结构简单，但夹紧力小、动作慢，当遇到大风袭击时，往往不能及时动作，一般主要用于在挡风面积不大的中小型或临时性用途的起重机械上，如图 1-27 所示。

自动夹轨器一般用在大型起重机械或港口起重机械上，由重锤通过杠杆或由弹簧力使夹钳夹紧轨道，靠液压系统动作松开夹钳，能够在起重机械工作状态下使钳口始终保持一定的张开度，并能在暴风突然来临时迅速可靠动作，同时具有一定的延时功能，在起重机械制动动作完成后才起作用，可以避免由于突然的制动而造成过大的惯性冲击，对整机结构产生较大的影响。自动夹轨器与行走机构之间有联锁保护，当控制系统主电源切断或大车运行停止时，夹轨器能自动夹紧，并配有手动释放装置，如图 1-28 所示。

图 1-27　手动夹轨器

图 1-28　自动夹轨器

（3）顶轨器。顶轨器一般安装在起重机械大车主平衡梁或次平衡梁的安装机架上，利用液压千斤顶或弹簧的作用，推动顶块压在轨道上，利用设备的自重在轨道上产生的滑动摩擦阻力来起到防爬作用，如图 1-29 所示。设备自重较大时采用该装置效果较好，是目前中大型室外起重机械（如岸边集装箱起重机、16 t 以上门座式起重机、卸船机等）常用的工作状态下防风装置。

图 1-29　顶轨器

顶轨器采用常闭式设计，当起重机械运行时，液压装置将顶块抬起，使其离开轨道面，保证起重机械正常运行。顶轨器一般设有限位开关，并与行走机构联锁。该装置的缺点是投入成本较大，安装较复杂，同时轨道的波浪度会影响其对轨道的压紧力进而影响其抗风能力。

（4）轮边制动器。轮边制动器主要用于室外大中型起重机械及港口装卸机械工作状态下的防风和非工作状态下的辅助防风制动，如图 1-30 所示。利用液压系统将行走车轮的轮边夹紧，使车轮的转动变成滑动，以增大运行的摩擦阻力，进而达到制动的目的。轮边制动器一般只用于被动车轮上，并进行直接制动，可有效防止被制动的车轮在风力作用下产生滚动位移。轮边制动器采用常闭式设计，这样安全可靠，同时设有限位开关，能与行走机构实现联锁保护；

缺点是投入成本较大，且安装较复杂。

图 1-30　轮边制动器

2. 锚定装置

锚定装置是利用机械式止挡结构（如锚柱等）固定起重机械来实现抗风防滑作用的，常见的形式有锚定式、拉索式等。这类装置由于动作受到限制（如手动、定点等因素）而不能及时起到抗风防滑作用，通常作为其他抗风防滑装置（如自动夹轨器）的辅助设施配合使用，可以防止有预报的特大暴风。

（1）锚定式。锚定式装置有锚定销、锚定插板等，与码头的防风预埋件（锚定座）相配套，并可以实现与大车行走机构连锁，锚定销将锚定板与锚定座销住，可以有效地防止起重机械在轨道上的滑移和倾覆，将起重机牢牢地固定在码头上。

锚定式装置受力比较明确，主要是整个所受的风载荷通过锚定座直接全部作用在锚定销上，这个力通过锚定销传递到码头的基础上。在锚定座和锚定销设定的强度条件下，抗风效果可靠，由于其结构简单，操作方便，因此得到了广泛应用。但是，其需要在起重机械两侧的两个方向分别设置，且要求锚定座具有足够的强度和较高的位置精度，在实际应用中，由于码头基建施工有一定的误差，锚定座的位置不可能安装、定位得非常准确，同时起重机停机时也有一定的偏差，因此锚定销和锚定座的销孔之间必须留有一定的间隙（通常为 10~30 mm），这就导致四角锚定销很难均匀受力，在设计时应充分考虑由此产生的单销过载问题。

（2）拉索式。常见的拉索式装置有钢丝绳防风拉索、刚性螺杆式防风拉索等，拉索一般与起重机械主梁直接连接。当起重机械受到风力作用时，连接机架和基础支座的拉索产生反力，阻止起重机械在风力的作用下产生位移。拉索式装置一般需要在起重机械两侧的两个方向分别设置，在连接基础和支座以及拉索设定的强度条件下，抗风效果可靠，在四角拉索连接和操作正确的情况下，可以使整个起重机械受力均匀。

五、超载保护装置

在起重机械使用过程中，可能会因为操作人员不清楚吊运物品重量，使得吊运的重量超过额定起重量，那么就要设置超载保护装置，避免出现严重后果。超载保护装置一般包括起重量限制器、起重力矩限制器和极限力矩限制器三种。

1. 起重量限制器

正常工作的起升机构不允许吊运超过额定起重量的货物，否则可能引发重物坠落、金属结构垮塌、起重机械倾覆等严重事故。《起重机械安全规程　第 1 部分：总则》（GB/T 6067.1—2010）中规定：动力驱动的 1 t 及以上无倾覆危险的起重机械应装设起重量限制器。有倾覆危险且在一定的幅度变化范围内额定起重量不变化的起重机械也应装设起重量限制器。而如果内燃机驱动的起升和/或非平衡变幅机构的中间没有电气、液压或气压等连接环节而直接与机械连接，则该起重机械可以配备灯光或声响报警装置来替代起重量限制器。

起重量限制器功能设置为：当实际起重量超过 95%额定起重量时，起重量限制器宜发出报警信号；当实际起重量在 100%~110%额定起重量时，起重量限制器应自动切断起升动力源并上闸制动停车，从而避免超载所引发的各种危险。但是，应允许机构做物品下降运动。

起重量限制器按工作原理可分为机械式、液压式、电子式和复合式等；按功能可分为报警型、自动停止型、综合（复合）型；按信号采集传送方式可分为有线型和无线型；按载荷信息表现形式可分为指示信号（信号灯等）、声响、数字显示以及组合形式等。传感器安装位置一般在吊具上部、定滑轮组支承处、卷筒组轴承座等部位，如图 1-31 所示。

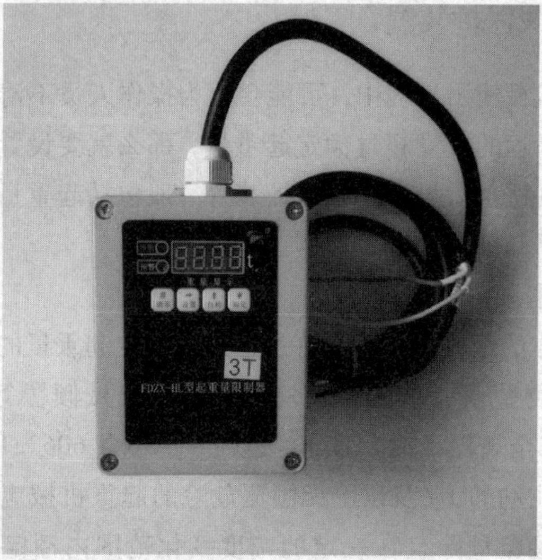

图 1-31　起重量限制器

2. 起重力矩限制器

额定起重量随工作幅度变化的起重机械（如门座式起重机、塔式起重机等），应装设起重力矩限制器。如果内燃机驱动的起升和/或平衡变幅机构中间没有电气、液压或气压等连接环节而直接与机械连接，则该起重机可以配备灯光或声响报警装置来替代起重力矩限制器。

起重力矩限制器功能设置如下：当实际起重量超过实际幅度所对应的起重量的额定值的 95%时，起重力矩限制器宜发出报警信号；当实际起重量大于实际幅度所对应的额定值但小于 110%的额定值时，起重力矩限制器起作用，此时应自动切断不安全方向（上升、幅度增大、臂架外伸或这些动作的组合）的动力源，但应允许机构做安全方向的运动。

起重力矩限制器是起重量限制器和幅度指示器的组合体，如图 1-32 所示。载重力矩值由起重量、幅度（臂长与臂架倾角余弦的乘积）和作业工况等多个参数决定，按工作原理分有机械式、电子传感器式和综合式三种。

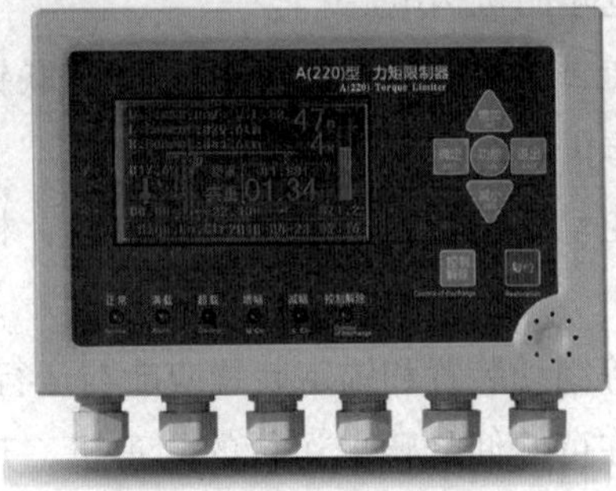

图 1-32　起重力矩限制器

3. 极限力矩限制器

当臂架起重机械的臂架回转阻力矩大于设计规定力矩值时，有可能使臂架或回转机构出现超载，从而引发折臂、垮塌等事故。因此，有自锁作用的回转机构或臂架回转中可能发生碰撞周围物体时，回转机构应设极限力矩限制装置，以保证当回转运动受到阻碍时，能由此力矩限制器发生的滑动而起到对超载的保护作用。

极限力矩限制器的工作原理大多是摩擦传动原理，使系统内的摩擦元件在超载时发生滑动（出现打滑现象），从而切断回转机构后部分的动力输入并使臂架旋转运动停止而起保护作用。另外，系统中的摩擦传动也能使回转机构的起制动过程比较平稳。

六、其他安全防护装置

1. 联锁保护装置

（1）进入桥式起重机和门式起重机的门，和从司机室登上桥架的舱口门，应能联锁保护；当门打开时，应断开由于机构动作可能会对人员造成危险的机构电源。

（2）司机室与进入通道有相对运动时，进入司机室的通道口，应设联锁保护装置，当通道口的门打开时，应断开由于机构动作可能会对人员造成危险的机构电源。

（3）可在两处或多处操作的起重机，应有联锁保护，以保证只能在一处操作，防止两处或多处同时操作。

（4）既可以电动驱动，也可以手动驱动时，相互间的操作转换应能联锁。

（5）夹轨器等制动装置和锚定装置应能与运行机构联锁。

（6）对小车在可俯仰悬臂上运行的起重机，其悬臂俯仰机构与小车运行机构应能联锁，使俯仰悬臂放平后小车方能运行。

2. 风速仪及风速报警器

（1）室外作业的高大起重机应安装风速仪，风速仪应安置在起重机上部迎风处。

(2) 室外作业的高大起重机应装有显示瞬时风速的风速报警器，且当风力大于工作状态的计算风速设定值时，应能发出报警信号。

3. 轨道清扫器

当物料有可能积存在轨道上成为运行障碍时，在轨道上行驶的起重机和起重小车，在台车架（或端梁）下面和小车架下面应装设轨道清扫器，其扫轨板底面与轨道顶面之间的间隙一般为 5~10 mm。

4. 防小车坠落保护

塔式起重机的变幅小车及其他起重机要求防坠落的小车，应设置使小车运行时不脱轨的装置，即使轮轴断裂，小车也不能坠落。

5. 检修吊笼或平台

需要经常在高空进行起重机械自身检修作业的起重机，应装设安全可靠的检修吊笼或平台。

6. 导电滑触线的安全防护

(1) 桥式起重机司机室位于大车滑触线一侧，在有触电危险的区段，通向起重机的梯子和走台与滑触线间应设置防护板进行隔离。

(2) 桥式起重机大车滑触线侧应设置防护装置，以防止小车在端部极限位置时因吊具或钢丝绳摇摆与滑触线意外接触。

(3) 多层布置桥式起重机时，下层起重机应采用电缆或安全滑触线供电。

(4) 其他使用滑触线的起重机械在易发生触电的部位应装设防护装置。

7. 报警装置

必要时，在起重机上应设置蜂鸣器、闪光灯等作业报警装置。流动式起重机倒退运行时，应发出清晰的报警音响并伴有灯光闪烁信号。

8. 防护罩

在零部件正常工作或维修时，为防止异物进入或防止其对人员可能造成的危险，应对相关零部件设有保护装置。起重机上外露的、有可能伤人的运动零部件，如开式齿轮、联轴器、传动轴、链轮、链条、传动带、皮带轮等，均应装设防护罩/栏。在露天工作的起重机上的电气设备应采取防雨措施。

第2单元

吊具与索具

模块1　吊具

一、卸扣

卸扣又称卸甲或卡环，它是起重作业中应用极广泛且方便的连接工具，可以连接起重滑轮和吊索等，在起重作业中充当着重要的角色，也广泛使用于电力、冶金、石油、机械、铁路、化工、港口、矿山、建筑等行业。

1. 卸扣的分类

由于执行的制造标准各不相同，市场上卸扣的种类较多，形成了不同的系列。常见的有美标（执行国外标准）、国标［执行标准：《一般起重用D形和弓形锻造卸扣》（GB/T 25854—2010）］、行业标准［执行标准：《船用卸扣》（CB/T 32—1999）］等系列。

起重吊装中常用的是国标卸扣，按扣体的形状不同可分为D形卸扣和弓形卸扣，如图2-1所示。

卸扣的构造较为简单，由扣体和销轴组成。D形卸扣的扣顶呈半圆形，其内半径等于两环眼之间内宽的一半，也称U形卸扣或直形卸扣；弓形卸扣的扣顶呈大半个圆形，其内半径大于两环眼之间内宽的一半，也称Ω形卸扣或马蹄形卸扣。常见的D形卸扣和弓形

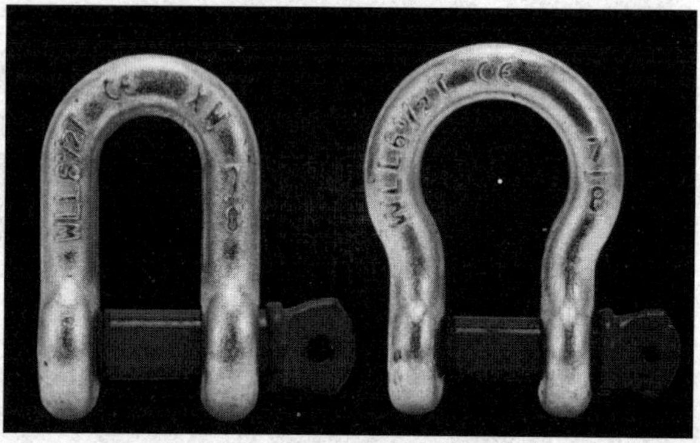

图 2-1　D形卸扣和弓形卸扣

卸扣的强度级别分别为 4 级、6 级、8 级，极限工作载荷为 0.32～100 t。

卸扣的销轴形式有以下三种：

W 形：带孔和台肩的螺纹销轴是最常用的一种形式。

X 形：六角头螺栓、六角螺母和开口销。

Y 形：沉头和开槽螺钉。

2. 卸扣的使用与维护

选择合适的卸扣类型对于吊装安全至关重要，不同类型的卸扣适用于不同的工作场景，使用时应根据实际情况进行选择。使用卸扣时还应根据其额定载荷进行选择，严禁超载使用，在超载情况下使用卸扣可能导致其断裂或永久变形，从而引发安全事故。以国标卸扣为例，在实际使用时，可以采用查表［《一般起重用 D 形和弓形锻造卸扣》（GB/T 25854—2010）中表一、表二］的方法，选用合适的卸扣。同时，要注意卸扣本体上的标记，每只卸扣上都有注明卸扣的级别代号（如 4、6、8）、极限工作载荷（如 WLL）等标记。

部分 D 形卸扣的极限工作载荷、尺寸见表 2-1。

表 2-1　　**部分 D 形卸扣的极限工作载荷尺寸**

极限工作载荷 WLL/t			d_{max}	D_{max}	e_{max}	S_{min}	W_{min}
4 级	6 级	8 级					
t			mm				
0. 32	0. 50	0. 63	8	9	19. 8	18	9
0. 40	0. 63	0. 8	9	10	22	20	10
0. 50	0. 8	1	10	11. 2	24. 64	22. 4	11. 2
0. 63	1	1. 25	11. 2	12. 5	27. 5	25	12. 5

注：表中 d_{max}、D_{max}、e_{max}、S_{min}、W_{min} 计算公式由《一般起重用 D 形和弓形锻造卸扣》（GB/T 25854—2010）附录 A 给出。

但是若作业现场对卸扣许用载荷不清楚，又无表可查，则可根据以下经验公式估算，对某一卸扣的承载能力做出判断。

$$P = \frac{10D^3}{W}$$

式中　P——卸扣的承载能力，N；

D——卸扣的横轴直径，mm；

W——卸扣的横轴间距，mm，如图 2-2 所示。

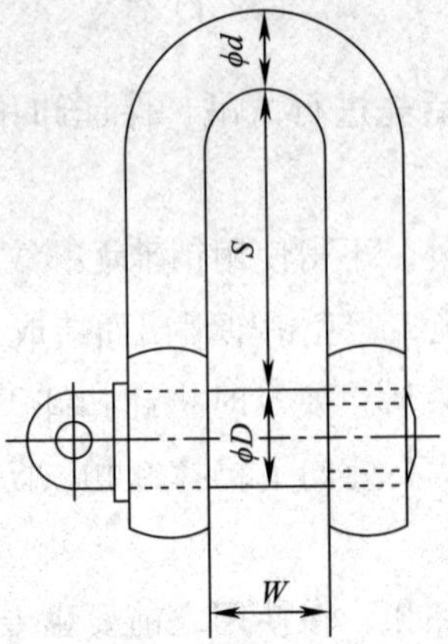

图 2-2　卸扣示意图

D—横轴直径　d—卸扣直径　W—横轴间距　S—卸扣内表面与横轴间距

卸扣在使用过程中应注意以下几点：

（1）使用前，应先检查卸扣是否光滑平整，整体有无明显变形、磨损和裂纹等缺陷，连接部分是否完好，重点检查扣体和销轴，不得严重磨损、变形和出现疲劳裂纹。

（2）在连接绳索或吊环时，应将其中一根套在销轴上，将另一根套在弯环上，不准分别套在卸扣扣体两个直段上面，如图 2-3 所示。

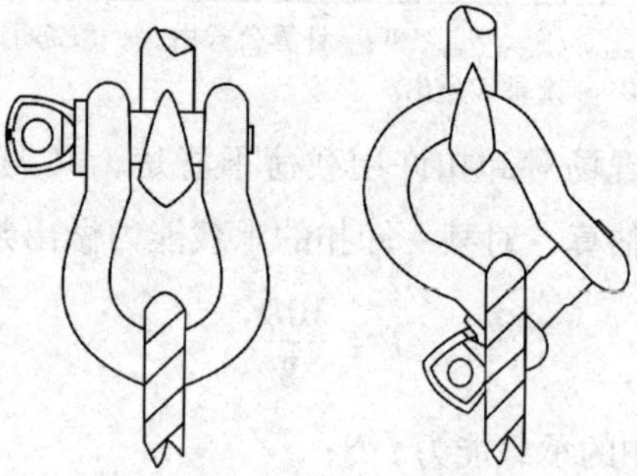

a）　　　　b）

图 2-3　卸扣吊装示意图

a）正确　b）错误

（3）在卸扣连接后先进行试吊，保证卸扣的受力方向正确，以防止其横向受力。

（4）除特别吊装外，不得使用销轴无螺纹卸扣。当必须使用时，要采取安全可靠的措施，避免销轴滑出而造成事故。

（5）起重作业结束后，要及时将卸扣卸下，并将销轴插入弯环内，上好螺母；严禁从高处向下扔摔卸扣，防止卸扣产生变形和内部裂纹损伤。

（6）对新购置的卸扣，在使用之前要由专职人员按相应的安全条款要求进行检查，确定是否能投入使用；严禁使用铸铁或铸钢的卸扣；使用单位或人员对投入使用的卸扣应该建立台账，并进行编号管理。

（7）严禁在卸扣上钻孔或进行焊接修补，当发现扣体和销轴永久变形后，应对其进行报废处理；确认报废或不合格的卸扣，应该定置摆放并进行标识，并进行统一处理，防止混用。

（8）卸扣维护时，应在其使用完后，将卸扣存放在干燥场所，并用木板垫好，妥善保管；卸扣上的螺纹部分，要按使用要求定期涂抹润滑油，做好日常润滑保养工作，防止锈蚀。

（9）有些卸扣的扣体和销轴的材质不相同，当卸扣的销轴损坏或遗失后，切不可随便选用与扣体材质相同的材料自行加工一个代用，以免发生事故。

二、吊钩与吊环

1. 吊钩与吊环的分类

根据制造工艺的不同，吊钩可以分为锻造吊钩和片式吊钩两种，锻造吊钩还可按形状分为单钩和双钩两种。

（1）单钩。如图2-4所示，这是一种比较常用的吊钩，它的构造简单，使用也较方便，但受力面比较小，《起重吊钩　第1部分：力学性能、起重量、应力及材料》（GB/T 10051.1—2010）规定对应不同强度等级，单钩材质可分别选用Q345qD、Q420qD、34Cr2Ni2Mo、35CrMo钢锻制而成，大多用在起重量80吨以下的工作场合。

（2）双钩。如图2-5所示，当起重量较大时，多采用双钩起吊，整体受力均匀对称，吊钩的材料性能得到充分利用。《起重吊钩　第1部分：力学性能、起重量、应力及材料》（GB/T 10051.1—2010）规定对应不同强度等级，双钩材质可分别选用Q345qD、Q420qD、30Cr2Ni2M0、35CrMo钢锻造而成，一般用在起重质量80 t以上的工作场合。

图 2-4　单钩

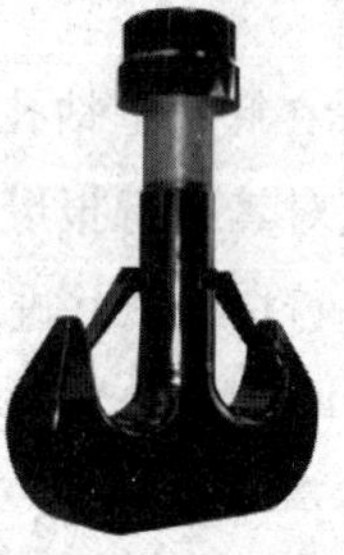

图 2-5　双钩

叠片式吊钩由若干块厚度不小于 20 mm 的 Q235、20 优质碳素钢或 Q345 钢板铆接成一体，制造相对方便。叠片式吊钩在吊钩口上装有护垫，这样可减少钢丝绳磨损，使载荷能均匀地传到每片钢板上，金属缺陷引起的断裂常局限于个别钢板，其余钢板仍然能够支持吊重。因此，叠片式吊钩工作可靠性比整体锻造吊钩好，而且损坏的钢板可以更换，它不像锻造吊钩，一旦破坏就整体报废，这也是叠片式吊钩的一大优点。缺点是自重和尺寸较大，截面形式不如锻造吊钩合理，大多用在大起重量或吊运钢（铁）水包的冶金铸造起重机上。

（3）吊环。如图 2-6 所示，吊环的受力情况比吊钩的受力情况好得多，因此，当起重量相同时，吊环的自重比吊钩的自重小。使用吊环起吊设备时，索具只能用穿入的方法系在吊环上，因此，用吊环吊装不如吊钩方便。

图 2-6　吊环

吊环通常用在电动机、减速机的安装和维修时作固定吊具使用，吊环的安全承载力可根据吊环螺杆直径来确定，见表 2-2。

表 2-2　吊环安全承载能力

螺杆直径 d/mm	安全承载力/N		螺杆直径 d/mm	安全承载力/N	
	垂直吊重	夹角 60°吊重		垂直吊重	夹角 60°吊重
M12	1 500	900	M22	9 000	5 400
M16	3 000	1 800	M30	13 000	8 000
M20	6 000	3 600	M36	24 000	14 000

2. 吊钩、吊环的使用与维护

吊钩和吊环是起重作业中比较常用的吊物工具，它们的优点是取物方便，工作安全可靠，在使用维护过程中应注意以下几点：

（1）在用起重机的吊钩应根据使用状况定期进行检查，至少每半年检查一次，并进行清洗润滑。吊钩一般的检查方法：先用煤油清洗吊钩钩体，然后用 20 倍放大镜检查钩体是否有疲劳裂纹，尤其要仔细检查危险断面（见图 2-7），应检查板钩的衬套、销轴、轴孔、耳环等磨损情况，检查各紧固件是否松动。某些大型的工作级别较高或使用在重要工况环境下的起重机吊钩，还应根据实际使用情况采用无损探伤法检查吊钩内、外部是否存在异常缺陷。

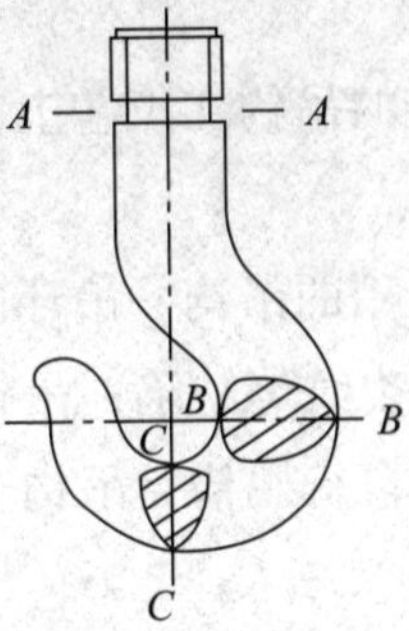

图 2-7　吊钩危险断面示意图

A-*A* 断面：在重物重量的作用下，该断面上的作用力有把吊钩拉断的趋势。断面位于吊钩柄柱螺纹的退刀槽处，该断面为吊钩最

小断面所受拉应力大，因此是危险断面。

B-B 断面：该断面在重物重量的作用下，一方面受拉力的作用，吊钩有被拉直的趋势；另一方面中心线以右的各断面除受拉伸之外还受弯矩的作用。作用于此断面的弯矩大，其所受弯曲应力也大，所以是一个危险断面。

C-C 断面：重物的重力通过钢丝绳作用在这个断面上，有被拉直和剪断的趋势，此处所受剪切应力大；同时，由于该处是钢丝绳索具或辅助吊具的吊挂点，索具等经常对此处摩擦，该断面会因磨损而使其横截面积减小，从而增大剪断吊钩的危险，因此也是危险断面。

（2）新投入使用的吊钩要确认钩体上的标记、制造单位的技术文件和出厂合格证是否一致。正式投入使用前应根据标记进行载荷试验，确认合格后才允许使用。载荷试验方法：以无冲击加载方式，逐步将载荷增至额定载荷的 1. 25 倍，吊钩负载时间不少于 10 min，卸载后吊钩不得有裂纹及变形等缺陷，其开口度变形不应超过 0. 25%。使用后有磨损但未达到报废标准的吊钩也应做负荷试验，重新确定使用载荷值。

（3）用铸造方法制造的吊钩在工艺上尚不能排除铸造缺陷，因此不得使用铸造吊钩。

（4）起重吊装作业使用的吊钩、吊环的表面要光滑，不能有剥裂、刻痕、锐角、接缝和裂纹等缺陷；吊钩固定部位应牢靠，转动部位应灵活，为防止吊具自行脱钩，吊钩上应设置防止意外脱钩的安全装置。

（5）由于钢材在焊接时难免产生裂纹，严禁在吊钩、吊环上焊接或钻孔，严禁用焊接补强等方式修补吊钩、吊环的缺陷。

（6）吊钩、吊环不准超负荷进行作业，使用吊钩与重物吊环相连接时，必须保证吊钩和吊环的位置和受力符合要求。

（7）在受力变化较大或高空作业时，不得使用吊钩型滑车，而应采用吊环型滑车。

三、平衡梁

1. 平衡梁的分类

平衡梁又称横吊梁或铁扁担，如图 2-8 所示。平衡梁在工程实际中得到了广泛应用，可用于保持被吊设备的平衡，避免吊装过程中产生磕碰而损坏设备；还可以用来缩短吊索高度，减小动滑轮组的起升高度；在吊装过程中可以减小设备起吊时所承受的水平压力，避免损坏设备。当采用多机抬吊时，还可以利用平衡梁合理分配或平衡各吊点的载荷。

图 2-8　平衡梁

根据结构形式的不同，平衡梁可以分为以下几种：

（1）管式平衡梁。用无缝钢管、吊耳、加强板等焊接而成，可用于吊装排管、钢结构件和中小型设备。

（2）钢板平衡梁。一般在施工现场利用钢板就地加工制作，钢板厚度根据起吊设备重量来确定。

（3）槽钢型平衡梁。由槽钢、吊环板、吊耳、加强板、螺栓等组成，其特点是吊点可前后移动，可根据设备重量、尺寸来选择起吊点，使用方便、安全、可靠。

（4）桁架式平衡梁。由各种型钢、吊环板、吊耳、桁架转轴、横梁等焊接而成。当设备或构件较长，吊点伸开的距离较大时，一般采用桁架式平衡梁以增大其刚度。

2. 平衡梁的使用与维护

平衡梁可以使被吊装的大型金属结构和组件受力合理，减少设备的变形，在日常使用和维护过程中，应注意以下几点：

（1）定期检查平衡梁、吊环、钢丝绳、吊钩、吊耳轴及焊缝等部位是否有损伤、裂纹、变形或磨损，发现钢丝绳断股、吊钩变形、梁体损伤、转动部位失灵等现象，需要及时对其进行修复或更换。

（2）载荷是影响平衡梁稳定性和使用寿命的重要因素，在实际使用过程中应严格控制载荷的大小和分布，避免出现过载或偏载的情况。在操作过程中，应遵循操作规程，避免冲击和振动对平衡梁产生不利影响。

（3）利用平衡梁起吊时，任何人发出停止信号均应立即停止。

（4）起吊重物时，在离地面距离不超过0.5 m处悬停，然后检查平衡梁吊具是否达到平衡。

（5）吊运接近额定载荷时，先上升至10 cm高度，停车检查钢丝绳、吊钩、平衡梁等受力情况是否合理。

（6）利用平衡梁吊运时，不允许操纵大车运行机构、小车运行机构和起升机构同时动作；同一跨轨道上有两台以上起重机械时，严禁相互碰撞。

（7）作业完成后，不可将平衡梁悬挂在起重机械吊钩上，应将其平放至地面，将吊钩上升至规定高度。

（8）平衡梁使用完成后要定期进行润滑和清洁，同时要充分考虑环境因素如温度、湿度和腐蚀介质等对平衡梁的影响，并采取相应防护措施，如避免将其放置在露天环境中，以减少环境因素对平衡梁的影响。

四、吊耳

1. 吊耳的分类

吊耳是安装在设备上用于起吊的受力构件，是设备吊装中的重要连接部件，直接关系到大型设备吊装安全。根据用途不同，吊耳可分为工艺吊耳、运输吊耳和安装吊耳，在实际使用过程中，如果吊耳位置合适，三类吊耳可以重合。根据连接方式来分，可以分为焊接吊耳和卡箍式吊耳两种。而焊接吊耳又分板式吊耳和管轴式吊耳，如图2-9所示，其中板式吊耳应用得最广泛。

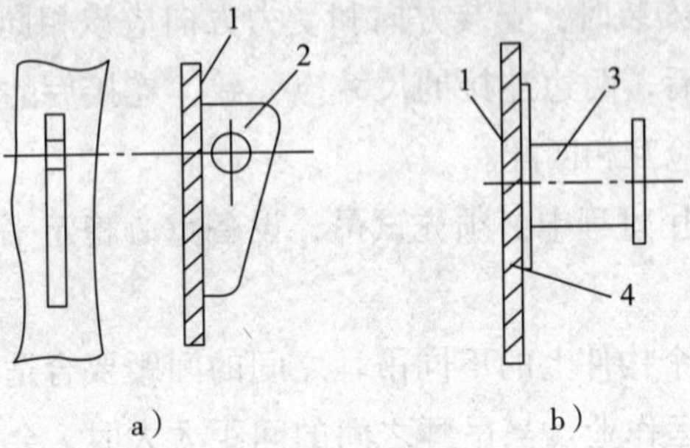

图2-9　焊接吊耳

a）板式吊耳　b）管轴式吊耳

1—设备　2—吊耳　3—管轴　4—加强垫板

一般根据设备吊装方案要求，在制造设备时就将焊接吊耳按一定方位和高度焊在设备本体上，吊耳的焊缝要经过强度计算确保满足要求，但由于吊耳板与设备焊接处产生的焊接应力及连接面较小而产生应力集中，使用吊耳时也不可能达到理想设计状态下的受力情形，有可能造成设备局部变形或将母材撕裂等不良后果。因此，需要采取以下措施：一是对焊缝进行焊后热处理，以消除焊接应力，特别是当吊耳板的厚度达到规范要求焊后热处理厚度时，必须进行焊后热处理；二是在吊耳板与设备之间焊接连接筋板，增大焊缝受力面积，同时加强局部稳定性。

卡箍式吊耳对设备质量不会产生影响，使用方便，能多次重复使用，特别是对于薄壁塔类设备的吊装更为合适。尽管此种吊耳一次性造价较高，但由于它有许多优点，仍是今后发展的方向。

2. 吊耳的使用与维护

在利用吊耳进行提升运输作业时，要求吊耳具备良好的承重性能以及稳定性，在使用与维护过程中，要注意以下几点：

（1）使用时要看清吊耳载荷标志，充分考虑起升载荷的安全系数，必须按额定载荷使用，不允许超载使用。

（2）吊耳安装时，安装方向和受力方向应该相同，避免产生扭矩，吊耳连接后，两边连接的尺寸应一致，连接后的绳索长度应相同，安全系数应互相匹配。

（3）在使用过程中必须先试吊，设备重心稳定平衡后，才能起吊设备。

（4）同一个构件上的不同吊耳之间的间距要合适，太大或者太小都不利于吊运作业。当吊耳之间的间距太大时，会使钢丝绳和水平面之间的夹角很小，增加了钢丝绳的受力，也使得构件起升同样的高度，需要起吊更高的高度。如果吊耳之间的间距太窄，起吊构件时容易出现摇摆，降低整体的稳定性。

（5）吊运时充分考虑环境的安全性，不安全的环境不起吊，吊装作业时人必须与现场保持一定距离，尽量使钢丝绳的受力方向基本相同，确保钢丝绳和水平面之间的夹角不小于 60°。

（6）吊耳应定期进行无损探伤，一般 6 个月进行一次无损探伤，确保焊缝连接的安全性。

（7）使用完成后，吊耳表面要进行防锈处理，不允许在酸、碱、盐、化学气体、潮湿、高温环境中存放，应存放在通风良好、防潮、防腐蚀的仓库内。

（8）吊耳应由专人保管，不允许堆放，不得受到撞击和捶击，严禁在地面上拖拉吊耳，防止吊耳变形。

模块 2　索具

一、麻绳

1. 麻绳的分类

麻绳具有轻便、柔软、易捆绑、携带方便、不损伤工件、价格低等优点，但由于其强度较低，耐磨性、耐蚀性较差，新旧麻绳的强度变化较大，且受潮后容易腐烂，在起重吊装作业中只用于系挂物体、人力搬运和 500 kg 以内的重物的捆绑吊运，或作为牵引绳索，有时也可用它作为起重量较小的桅杆式起重机的缆风绳。

麻绳是用植物麻纤维搓捻而成的一种绳索，种类较多，按原料不同可分为白棕绳、混合麻绳和线麻绳等，由于白棕绳的抗拉力和抗扭力较强，耐腐蚀、耐摩擦、弹性好，在突然受冲击力的时候不易断裂，因此，在起重吊装作业时多选用白棕绳，如图 2–10 所示。下面主要介绍前两种：

（1）白棕绳。白棕绳主要用作受力不大的缆风绳、溜绳等，也有的用作起吊轻小物件。白棕绳又分浸油和不浸油两种，浸油白棕绳有耐磨、耐腐蚀和防潮性能，但由于受油中酸性物质的影响，强度比未浸油的白棕绳大约下降 10%，同时会造成挠性下降、自重增

图 2-10　白棕绳

大、成本上升，因此，一般的起重吊装作业中常采用不浸油白棕绳，浸油白棕绳多用于化工行业基建施工和室外作业等特殊场合。

（2）混合麻绳。混合麻绳多由龙舌兰麻和苎麻各半混合制成。混合麻绳的抗拉力虽然大于白棕绳，但耐久性和抗腐蚀性均较差，一般只在辅助吊装作业中使用。

根据麻绳绳股捻制方法的不同，混合麻绳可分为人工搓捻麻绳和机器搓捻麻绳两种，其中机器搓捻的麻绳绳股均匀、紧密，其破断拉力值比人工搓捻的麻绳大，在起重吊装作业中一般多采用机制麻绳。

根据麻绳捻制股数的多少，按其编制形式可分三股、四股和九股三种类型，其中四、九股编制形式比三股编制形式强度高，在实际使用中，九股编制形式的麻绳应用最为广泛。

2. 麻绳的使用与维护

（1）麻绳的编结。在实际使用中，根据使用的场合不同，可以将麻绳编结成各式各样的绳结，以满足不同的需要。如麻绳与麻绳的编结，麻绳与吊钩、吊环的编结，作捆绑绳用绳结等。现将几种典型绳结及其打结方法介绍如下。

1）平结。平结又称接绳扣，用于编结两根粗细相同的麻绳。打结步骤如下：

第一步，将两根麻绳的绳头互相交叉在一起，如图 2-11a 所示（A 绳头放在 B 绳头的下面，也可以互相对调位置）。

第二步，将 A 绳头在 B 绳上绕一圈，如图 2-11b 所示。

第三步，将 A、B 两根绳头互相折拢并交叉，A 绳头仍在 B 绳头的下面，如图 2-11c 所示。

第四步，将 A 绳头绕过 B 绳头并从绳圈中穿入，与 A 绳并在一起（也可以将 B 绳头按 A 绳头的穿绕方法穿绕），将绳头拉紧即成为平结（见图 2-11d）。在进行第三步时，A、B 两个绳头不能交叉错，如果 A 绳头放在 B 绳头的上面（见图 2-11e），则 A 绳头在 B 绳上绕过后，A 绳头就不会与 A 绳并在一起，而打成的绳结如图 2-11f 所示。此绳结的牢固程度不如平结，外表也不如平结美观。

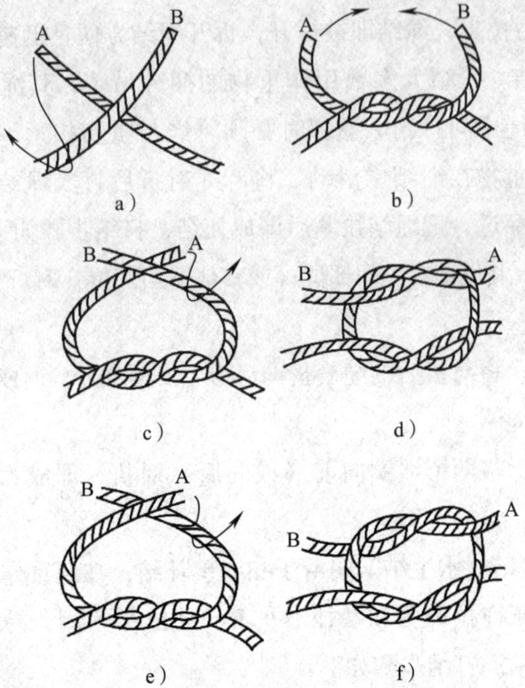

图 2-11　平结

2）活结。活结的打结方法基本与平结相同，只是在第一步将绳头交叉时把两个绳头中的任一根绳头（A或B）留得稍长一些；在第四步中，不要把绳头A（或B）全部穿入绳圈，而将其绳端在圈外留下一段，然后把绳结拉紧，如图2-12所示。

图2-12　活结

活结的特点是当需要把绳结拆开时，只需把留在圈外的绳头A（或B）用力拉出，绳结即被拆开，拆开绳结方便且迅速。

3）死结。死结大多数用作重物的捆绑吊装，其绳结的结法简单，可以在绳中间打结。捆绑时必须将绳与重物扣紧，不允许留有间隙，以免重物在绳结中滑动。将麻绳对折后打成绳结，然后把重物从绳结中穿过，把绳结拉紧后即成死结，打结步骤如下：

第一步，将麻绳在中间部位（或其他适当部位）对折，如图2-13a所示。

第二步，将对折后的绳套折向后方（或前方），形成如图2-13b所示的两个绳圈。

第三步，将两个绳圈向前（或向后）对折，即成为如图2-13c所示的死结。

4）水手结。水手结又叫滑子扣或单环结，在起重作业中使用较多，主要用于拖拉设备和系挂滑车等。此绳结牢固、易解，拉紧后不会出现死结。打结步骤如下：

第一步，在麻绳头部适当的长度上打一个圈，如图2-14a所示。

图 2-13 死结

第二步，将绳头从圈中穿出，如图 2-14b 所示。

第三步，将已穿出的绳头从麻绳的下面绕过后再穿入圈中，便成为如图 2-14c 所示的水手结。

绳结结成后，必须将绳头和绳圈（见图 2-14a 中的圈）拉紧，否则在受力后，图 2-14c 中的 A 部分会翻转，使绳结不紧。翻转后的绳结如图 2-14d、图 2-14e 所示。

5）双环扣。双环扣的作用与水手结基本相同，它可以在绳的中间打结。由于其绳结同时有两个绳环，因此，在捆绑重物时更安全。打结步骤如下：

第一步，把绳对折后将绳头压在绳环上形成如图 2-15a 所示的绳环 A、B。

第二步，将绳头从绳环 A 的上面绕到下面，从绳环 B 中穿出后再穿入绳环 A 中，即成为如图 2-15b 所示的双环扣。

6）单帆索结。单帆索结用于两根麻绳的编结。打结步骤如下：

第一步，将两根绳头互相交叉叠在一起，如图 2-16a 所示，A 绳头被压在 B 绳头的下面。

第二步，将 A 绳头在 B 绳头上绕一圈，A 绳头仍在 B 绳头的下面，如图 2-16b 所示。

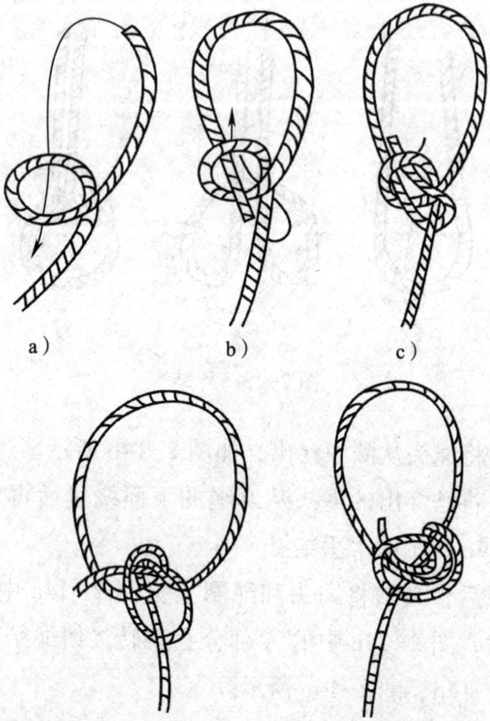

a）　b）　c）　d）　e）

图 2-14　水手结

a）、b）、c）打绳结的步骤　d）、e）错误的绳结

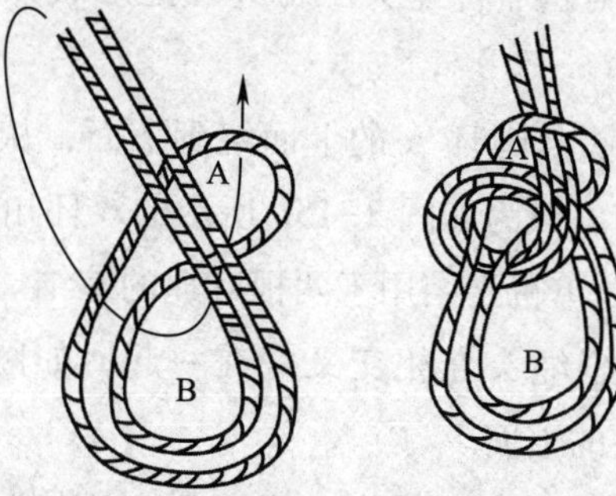

a）　b）

图 2-15　双环扣

第三步，将 A、B 绳头互相靠拢并交叉在一起，B 绳头仍压在 A 绳头的上面，如图 2-16c 所示。

第四步，将 B 绳头从 A 绳头的下面穿出，并压在 B 绳的上面，将绳结拉紧即成为如图 2-16d 所示的单帆索结。

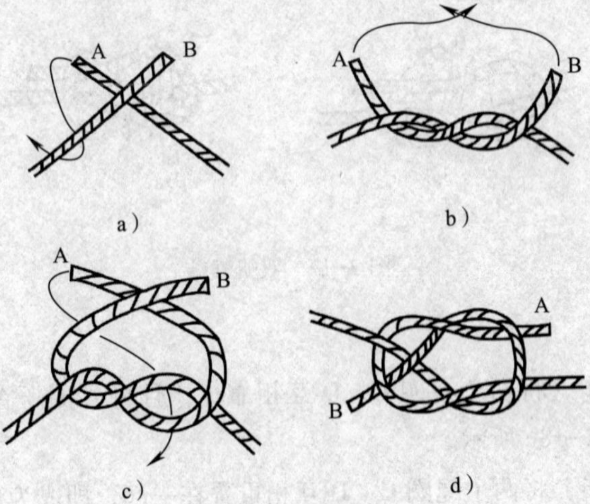

图 2-16　单帆索结

7）双帆索结。双帆索结用于两根麻绳绳头的编结，绳结牢固、方便，绳结不易松散。打结步骤如下：

第一、二、三步的结法与如图 2-16 所示单帆索结的打结方法相同；

第四步的结法是将绳头 B 按如图 2-17c 中箭头所示，在 A 绳上绕两圈并穿压在 A 绳下，即成为如图 2-17d 所示的双帆索结。

8）“8” 字结。“8” 字结又叫梯形结或猪蹄扣，主要用于捆绑物件或绑扎桅杆，其打结方法简单，而且可以在绳的中间打结，绳结脱开时不会打结，打结步骤如下：

第一步，将绳绕成一个绳圈，如图 2-18a 所示。

第二步，紧挨第一个绳圈 C 再绕成一个绳圈 D，如图 2-18b

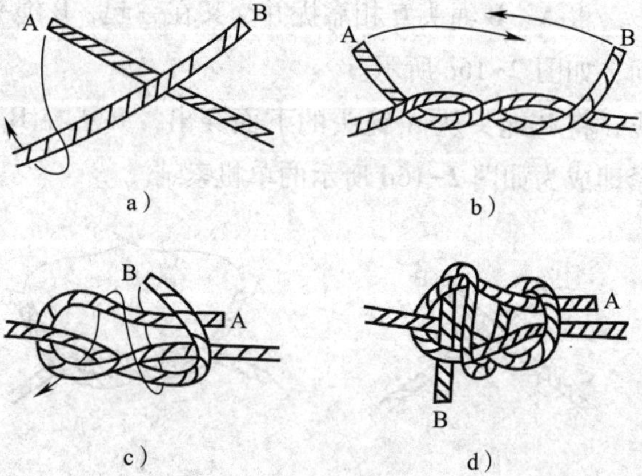

图 2-17　双帆索结

所示。

第三步，将两个绳圈 C、D 互相靠拢，且将 C 圈压在 D 圈的上面，如图 2-18c 所示。

第四步，将两个绳圈 C、D 互相重叠在一起，即成为如图 2-18d 所示的“8”字结。将绳结套在物件上以后必须把绳结拉紧，重物才不会从绳结中脱落。

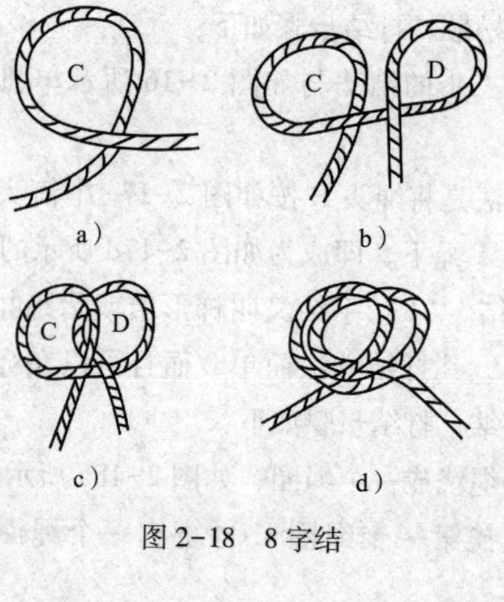

图 2-18　8 字结

9）叠结。叠结又叫倒背扣或垂直运扣，用于在垂直方向捆绑起吊较轻起重量杆件或管件，打结步骤如下：

第一步，将绳从木杆的前面绕到后面，再从后面绕到前面，并把绳压在绳头下面，如图 2–19a 所示。

第二步，在第一个圈的下部，再将绳头从木杆的前面绕到后面，并继续绕到前面，如图 2–19b 所示。

第三步，把绳头按如图 2–19b 上箭头所示方向连续绕两圈，把绳头压在绳内，即成为如图 2–19c 所示的叠结。在垂直起吊前，应把绳结拉紧，使绳结与杆间不留空隙，这样起吊时，木杆就不会从绳结中脱落。

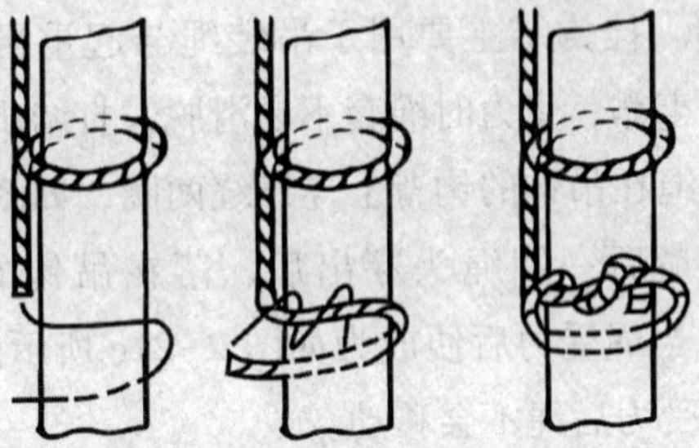

a）　b）　c）

图 2–19　叠结

10）抬缸结。抬缸结主要用于抬缸或吊运圆桶形物件，打结步骤如下：

第一步，将绳的中部压在缸的底部，两个绳头分别从缸的两侧向上引出，如图 2–20a 所示。

第二步，把绳头在缸的上部互相交叉绕一下，如图 2–20b 所示。

第三步，按图 2–20b 中箭头所示方向，将绳交叉的部分向缸的两侧分开，并套在缸的中上部（见图 2–20c），然后将绳头拉紧，即成抬缸结。注意在将交叉部分向两侧分开并套在缸上时，一定要套在缸的中上部，这样由于缸的重心在中间绳套的下面，抬缸时缸就不会倾倒。

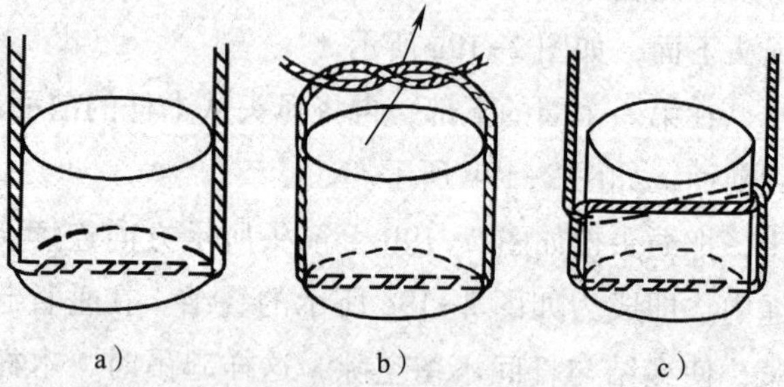

图 2-20　抬缸结

11）挂钩结。挂钩结主要用于吊装绳与起重机械吊钩的连接，绳结的结法方便牢靠，受力时绳套不易滑脱，打结步骤如下：

第一步，将绳在吊钩的钩背上连续绕两圈，如图 2-21a 所示。

第二步，在最后一圈绳头穿出后，落在吊钩的另一侧面，如图 2-21b 所示。当绳受力后便成为如图 2-21c 所示的形状。绳与绳之间互相压紧，受力后绳不会移动。

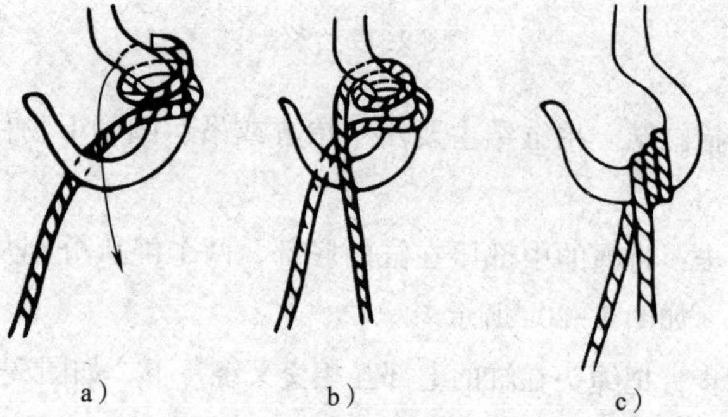

图 2-21　挂钩结

12）栓柱结。栓柱结主要用于缆风绳的固定或溜放绳索。当用于固定缆风绳时，结绳方便、迅速、易解；当用于溜放绳索时，受力绳索溜放时能缓慢放松，易控制绳索的溜放速度。

用作固定缆风绳时，打结步骤如下：

第一步，将缆风绳在锚桩上绕一圈，如图 2-22a 所示。

第二步，将绳头绕到缆风绳的后方，然后再从后方绕到前方，如图 2-22b 所示。

第三步，将绕到缆风绳前方的绳头从锚桩的前面绕到后面，并将绳头与缆风绳并在一起，用细铁丝或细麻绳扎紧，如图 2-22c 所示。

当此绳结用于溜放绳索用时，其绳结的结法是，将绳索的绳头在锚桩上连续绕两圈，并用手握紧绳头，将绳索的绳头按图 2-22d 中箭头所示方向慢慢溜放。

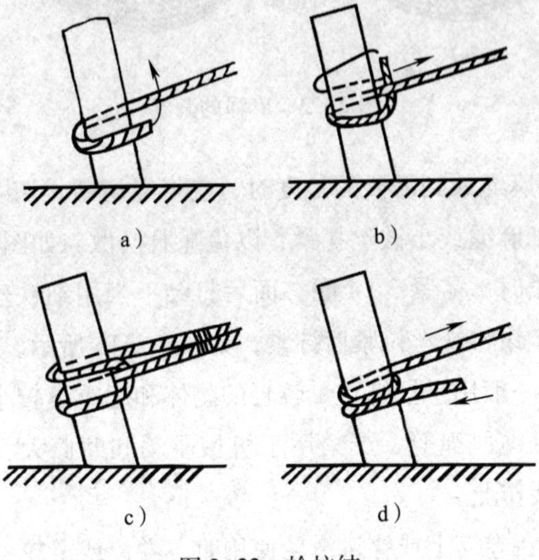

图 2-22　栓柱结

（2）使用注意事项。麻绳的正确使用和良好的维护保养，对麻绳的使用寿命有很大的影响，在使用和维护保养中要注意以下几个方面：

1）麻绳在出厂时一般都盘成卷，使用时需按长度从绳卷上截取。麻绳在开卷使用时应按正确的方法操作，如果开卷方法不正确，麻绳从绳卷上抽出时会使麻绳起扭。麻绳开卷的正确操作方法如下：将绳卷竖放在地面上，有绳头的一端（卷外的绳头）放在下面，将卷内的绳头取出，如图2-23a所示；切不可从卷外把绳头拉出，这样在拉出的过程中麻绳会起扭打结，如图2-23b所示。

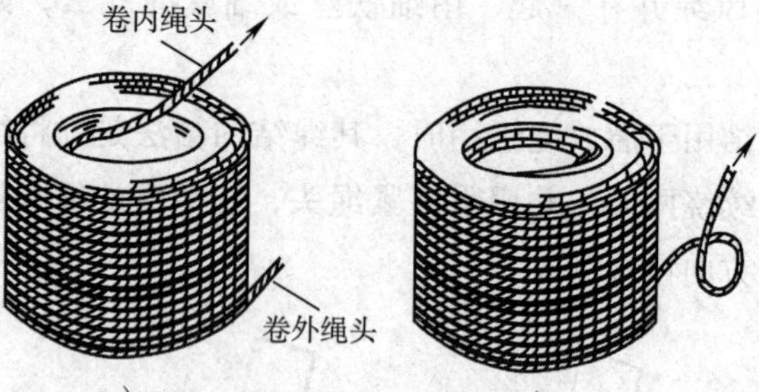

图2-23　麻绳的开卷

2）当将麻绳放到需要的长度时，应将绳切断。切断前，在切断处的两侧用细麻绳或小铁丝扎紧，以免绳股松散，如图2-24a所示。用细麻绳扎紧时，需紧3~4圈，而后打结；当用细铁丝扎紧时，绕两圈并用钢丝钳将铁丝拉紧后拧紧，如图2-24b所示。

3）麻绳一般用于捆绑重量较轻的物体和起重量较小的设备及负载不大的桅杆缆风绳等，严禁用于机械驱动和摩擦大、转速快或有腐蚀性的吊装作业。

4）麻绳在卷筒上或穿过滑轮使用时，卷筒或滑轮的直径应不小于10倍绳径，轮槽底径应大于绳径的1/2。由于麻绳易磨损和破断，在选用滑车时最好选用木制滑车。

5）不得使用有霉烂或断股的麻绳，不得使麻绳向一个方向连续

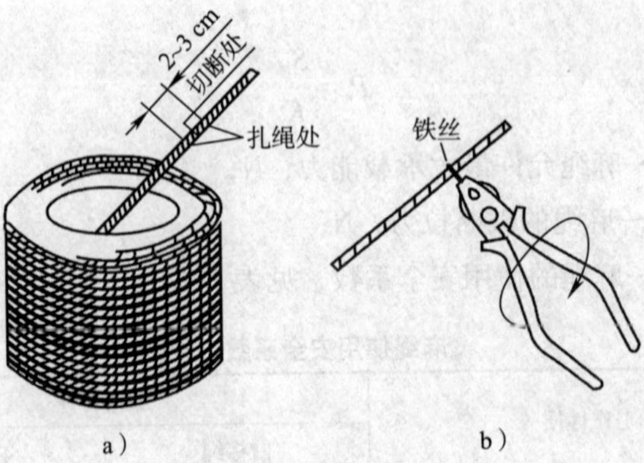

图 2-24　麻绳的切断

扭转，以免扭劲或松散。使用中，如发现麻绳有连续向一个方向扭转的情况时，应设法将麻绳抖直，有绳结的麻绳不要穿过滑车等狭窄的地方。

6）严禁麻绳与锐利的器物直接接触，当无法避免时，必须用衬垫木板或胶皮、麻袋等加以保护。不得在地面上拖拉，以免磨断麻绳表面的麻纤维，使麻绳的强度降低，使用寿命缩短。

7）麻绳在不使用时，应放置在干燥的木板上和通风良好的地方，不要将麻绳与有腐蚀作用的化学物品（如酸、碱）、油漆接触，不能受潮或高温烘烤，以免降低麻绳的强度。

3. 麻绳的选用计算

麻绳在起重吊装工作中主要是受拉伸作用，因此，选用麻绳时都要进行抗拉能力的计算。为了保证起重作业安全可靠，考虑到麻绳制造中可能存在一些缺陷，如搓捻的不均匀性、麻纤维的损伤等，并考虑在使用中麻绳的磨损以及作业中承受冲击载荷等因素的影响，麻绳在实际使用中所受的最大拉力（许用拉力）应比麻绳的破断拉力小（试验时麻绳被拉断时所承受的拉力）。最大承载能力验算公式如下：

$$P=\frac{S_b}{K}$$

式中　P——麻绳允许最大承载能力，N；

S_b——麻绳的破断拉力，N；

K——麻绳的使用安全系数，见表 2-3。

表 2-3　　麻绳使用安全系数 K

工作性质	麻绳名称	
	白棕绳	白麻绳
地面水平运输设备	3	5
高空系挂或吊装设备	5	8
用慢速机械操作和绑扎绳	10	不准用

为使麻绳能安全可靠地工作，按不同的工作性质，某一规格的麻绳允许承受一定范围的拉力。麻绳许用拉力计算公式如下：

$$F=\frac{\pi d^2}{4}[\sigma]$$

式中　F——麻绳许用拉力，N；

d——麻绳的直径，mm；

$[\sigma]$——麻绳的许用应力，N/mm^2；部分麻绳许用应力值，见表 2-4。

表 2-4　　部分麻绳许用应力值 $[\sigma]$　　N/mm^2

品种	用途	
	起重用绳	捆绑用绳
白麻绳	10	5
浸油麻绳	9	4.5

在起重吊装作业中有时只知道麻绳的直径，但不了解麻绳的种类及破断拉力，此时可根据下列经验公式估算麻绳的许用拉力值。

$$F=(5\sim7)d^2$$

式中　F——麻绳许用拉力，N；

d——麻绳的直径，mm。

当麻绳的直径 d 在 22 mm 以下时，公式括号中的数取大值；当麻绳的直径 d 在 22 mm 以上时，公式括号中的数取小值。

出厂时的白棕绳大都盘成卷，每卷的长度一般为 200 m，较粗的白棕绳每卷长度一般为 100 m。当缺少白棕绳的重量资料时，可用近似估算公式估算其重量。

$$m=0.07d^2$$

式中　m——白棕绳的质量，kg/100 m；

d——麻绳的标称直径，mm。

在起重吊装作业时可以根据技术规格选用合适的麻绳，常见白棕绳的技术规格，见表 2-5。

表 2-5　白棕绳的技术规格

直径/mm	质量/(kg·100 m^{-1})	最小破断拉力/kN			许用拉力/kN					
					$K=3$			$K=5$		
		Ⅰ	Ⅱ	Ⅲ	Ⅰ	Ⅱ	Ⅲ	Ⅰ	Ⅱ	Ⅲ
6	3	4.05	2.68	1.76	1.35	0.89	0.59	0.81	0.54	0.35
8	5	6.66	4.40	2.90	2.22	1.47	0.97	1.33	0.88	0.58
10	7	9.20	6.10	4.00	3.07	2.03	1.33	1.84	1.22	0.80
12	10	11.66	7.55	5.09	3.88	2.52	1.70	2.33	1.51	1.02
14	14	16.30	10.90	7.22	5.43	3.36	2.41	3.26	2.18	1.44
16	18	19.60	13.40	8.71	6.53	4.47	2.90	3.92	2.68	1.74
18	23	24.60	16.60	11.00	8.20	5.53	3.67	4.92	3.32	2.20
20	28	31.20	21.10	13.90	10.40	7.03	4.63	6.24	4.22	2.78
22	34	37.60	24.50	16.80	12.53	8.17	5.60	7.52	4.90	3.36
24	40	43.80	29.60	19.60	14.60	9.87	6.53	8.76	5.92	3.92

续表

直径/mm	质量/(kg·100 m^{-1})	最小破断拉力/kN			许用拉力/kN					
					K=3			K=5		
		Ⅰ	Ⅱ	Ⅲ	Ⅰ	Ⅱ	Ⅲ	Ⅰ	Ⅱ	Ⅲ
26	48	47.90	33.80	22.30	15.97	11.27	7.43	9.58	6.76	4.46
28	55	57.10	38.90	25.60	19.03	12.97	8.53	11.40	7.78	5.12
30	63	66.20	44.50	29.90	22.07	14.83	9.97	13.24	8.90	5.98
32	72	74.40	50.10	33.70	24.80	16.70	11.23	14.88	10.02	6.74
34	81	82.40	55.60	37.40	27.47	18.53	12.47	16.48	11.12	7.48
36	91	90.00	60.90	41.00	30.00	20.30	13.67	18.00	12.18	8.20
40	112	109.70	74.40	50.10	36.57	24.80	16.70	21.94	14.88	10.02
44	136	120.10	81.60	54.90	40.03	27.20	18.30	24.02	16.32	10.98
48	161	140.00	95.60	64.30	46.67	31.87	21.43	28.00	19.12	12.86
52	190	162.00	110.30	74.10	54.00	36.77	24.70	32.40	22.06	14.82
56	220	181.50	112.40	83.70	60.50	37.47	27.90	36.30	22.48	16.74
60	252	207.50	142.50	95.90	69.17	47.50	31.97	41.50	28.50	19.18

注：*K*为安全系数；Ⅰ、Ⅱ、Ⅲ为白棕绳等级；规格不明时按Ⅲ内考虑。

二、钢丝绳

1. 钢丝绳的分类

钢丝绳通常由优质高强度碳素钢丝捻成绳股，再由几个绳股加一根绳芯绕捻而成，承载能力大，挠性好，能承受冲击载荷，而且耐磨。在正常工作条件下，一般不会发生整根钢丝绳突然断裂的现象，因此钢丝绳不仅成为起重机械的重要零部件，如用于起重机械起升机构、变幅机构、牵引机构，用于缆索起重机与架空索道等，而且在起重吊装中被广泛应用，它是起重作业中最常用的绳索，用来捆绑、起吊、拖拉重物，或作为起重机械、卷扬机等的系紧绳。钢丝绳可以按股数、捻向、绳芯材料、接触形式等的不同进行分类：

（1）按钢丝绳组成的股数不同可分为单股钢丝绳和多股钢丝绳。单股钢丝绳（见图 2-25a）又称为单绕绳，直接由钢丝分内外层按不同捻绕方向绕制而成，其刚度较大，不易弯曲，不宜用作缠绕绳，这种单绕绳具有封闭光滑的外表面，耐磨且雨水不易浸入内部，适用于缆索起重机与架空索道的支撑绳，或用来作为悬挂电线、铁塔、烟囱和电线杆等的拉紧索。

多股钢丝绳（见图 2-25b 至图 2-25e）又称为双绕绳，首先由钢丝捻成股，再由若干股围绕着绳芯捻制成绳。这类钢丝绳股数越多，则股内钢丝越细，挠性也越好，适宜于作捆绑及起重用绳索。但由于钢丝越细，工作时外层钢丝的磨损也较快，使用寿命短，故在起重机械及起重吊装作业中以六股钢丝绳应用较多。

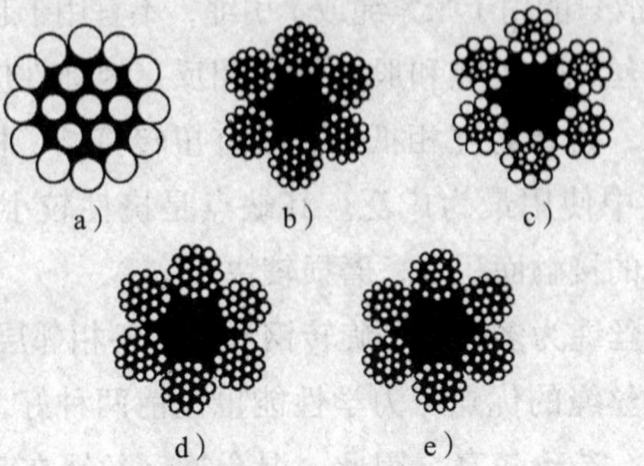

图 2-25　钢丝绳断面

a）单股钢丝绳　b）多股钢丝绳　c）外粗式线接触钢丝绳

d）粗细式线接触钢丝绳　e）填充式线接触钢丝

（2）按绕捻方法不同可分为左同向捻、右同向捻、左交互捻、右交互捻和混合捻等，如图 2-26 所示。钢丝绳的捻向与钢丝股捻向相反的称交互捻钢丝绳；若两者方向一致，则称为同向捻钢丝绳；相邻两股钢丝的捻向相反的钢丝绳称为混合捻钢丝绳。

同向捻钢丝绳的钢丝之间接触较好，具有挠性好、表面平滑、使

图 2-26　钢丝绳的捻向

a）左同向捻　b）右同向捻　c）左交互捻　d）右交互捻　e）混合捻

用中磨损较小、使用寿命长的特点，但这种钢丝绳容易松散和扭转打结，在悬挂时会产生较大旋转，特别是扭结后常常会导致起重作业不能正常进行，故只能用于张紧绳或牵引绳，不宜用于起升缠绕绳。

交互捻钢丝绳由于绳和股的捻向相反，因弹性应力而产生的扭转力方向相反，扭转力互相抵消，没有扭转打结、松散的趋势，在起重吊装作业中使用最为广泛。其缺点是挠性较小，表面不平滑，与卷筒和滑轮的接触面积小，磨损较快。

混合捻钢丝绳为多层股不旋转钢丝绳，各相邻层股的捻向相反，具有前两种钢丝绳的优点，力学性能也比前两种好，但这种钢丝绳制造工艺复杂，造价较高。因此，混合捻钢丝绳在起重作业中较少使用，仅在起重量较小、起升高度较大的如塔式起重机中使用。

（3）按钢丝绳绳芯材料的不同可分为纤维芯、石棉纤维芯和金属芯三种，在钢丝绳中设置绳芯的主要目的是增强钢丝绳的挠性与弹性。

纤维芯通常是用剑麻、棉纱等纤维制成，并用防锈润滑油浸透。纤维芯能使钢丝绳具有良好的挠性和弹性，在使用中受挤压后，钢丝绳绳芯中的油能渗出润滑钢丝绳，可以起到防锈、防腐、减少磨损的作用。但纤维芯钢丝绳不适宜在高温环境中工作，也不适宜在承受横向压力情况下工作，它主要用于常温下的缠绕绳和捆绑绳。

石棉纤维芯是用石棉纤维制成的，并用防腐防锈润滑油浸透。石棉纤维芯绳与纤维芯绳具有同样的良好挠性和弹性，以及润滑性，同时又具有耐高温性，但也不能受重压，适用于高温环境下起重机械的缠绕绳。

金属芯是用软钢钢丝或软钢绳股制成，由于金属芯强度大，抵抗横向挤压能力强，但其挠性及弹性均不如纤维芯钢丝绳，适宜用于多层缠绕、高温环境下，多用于起重设备的张紧绳或支持绳。通常情况下，这种金属芯绳的润滑性差，有采用螺旋金属管作为绳芯的，其在管中储有润滑油用来润滑钢丝。

（4）按钢丝绳各层钢丝间的接触状况不同，可以分为点接触钢丝绳、线接触钢丝绳和面接触钢丝绳三种，如图 2-27 所示。

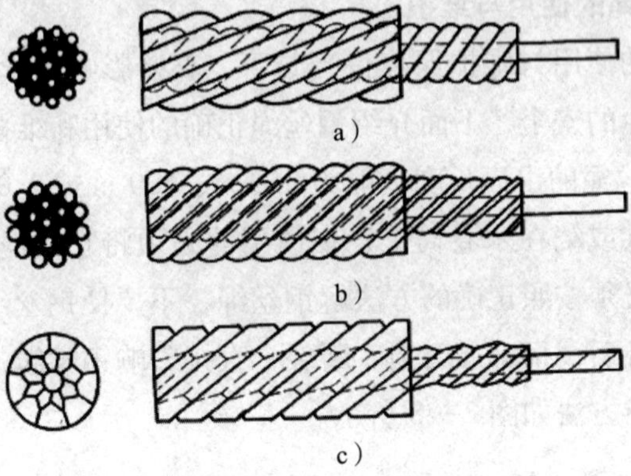

图 2-27　钢丝绳的结构

a）点接触钢丝绳　b）线接触钢丝绳　c）面接触钢丝绳

点接触钢丝绳的股是由直径相同的钢丝捻制而成的，因捻距或捻向不同使相邻两层钢丝间互相交叉，呈点接触状态，如图 2-27a 所示。当钢丝绳绕过滑轮或卷筒时，钢丝与钢丝的接触处局部应力很大，钢丝容易磨损折断，钢丝绳的使用寿命短。点接触钢丝绳具有制造方便、成本低、挠性好的优点，故在各种起重运输作业中得到广泛使用。

线接触钢丝绳的股是由直径不相同的钢丝捻制而成的，虽然钢丝直径不完全相同，但各层钢丝的捻距是相同的，因此每股中各层钢丝之间呈线接触状态，如图 2-27b 所示。线接触钢丝绳横截面内间隙较少，能有效防止水分和污物浸入钢丝绳的内部，钢丝绳的承载能力和使用寿命得以提高，重要场合应优先采用线接触钢丝绳。

面接触钢丝绳是由特制的异型钢丝绳绕制成股，然后用挤压的方法制成面接触型绳，如图 2-27c 所示。面接触钢丝绳结构紧密、强度高、表面光滑无沟、耐磨性好，内芯的钢丝不会磨损。其缺点是挠性差、不易弯曲，这种钢丝绳一般用于架空索道和缆索式起重机的承载索等。

2. 钢丝绳的使用与维护

钢丝绳的使用与维护保养得当与否，直接影响钢丝绳的使用寿命及起重作业的安全，下面介绍钢丝绳正确的使用和维护方法。

（1）钢丝绳的出厂长度一般为 250 m、500 m 或 1 000 m，并且都盘绕成绳卷或绕在木卷筒上，在使用前必须将它从绳卷上或卷筒上解下来。必须按照正确的方法解钢丝绳，不要使钢丝绳变成绳环，因为形成绳环后，很容易磨损、断裂，直接影响钢丝绳的使用寿命，钢丝绳的开卷方法如图 2-28 所示。

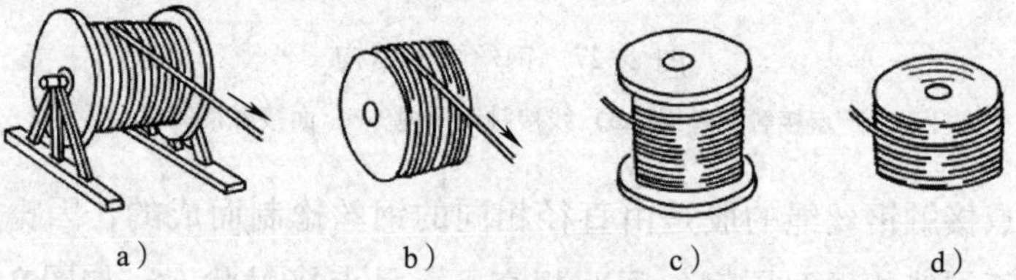

图 2-28　钢丝绳开卷方法

a）、b）正确的开卷方法　c）、d）错误的开卷方法在安装钢丝绳时，还应注意不得在不洁净的地方拖拽，防止划、磨、碾压和过度弯曲钢丝绳。

(2) 钢丝绳在使用中需要与其他承载构件连接以传递载荷，绳端固定处应牢固可靠，常用的钢丝绳绳端固定方式如图 2-29 所示。

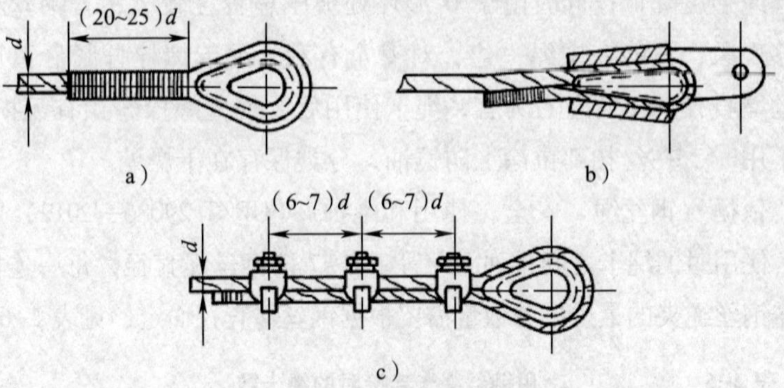

图 2-29　钢丝绳绳端固定方式

a) 编绕法　b) 楔形套筒固定法　c) 绳卡固定法

1) 编绕法。将钢丝绳的一端绕过心形套环后与工作分支用细钢丝扎紧，捆扎长度 $L=(20\sim25)d$（d 为钢丝绳直径），同时不应小于 300 mm，如图 2-29a 所示。

2) 楔形套筒固定法。将钢丝绳的一端绕过一个带槽的楔块，然后将其一起装入一个与楔块形状相配套的钢制套筒内，这样钢丝绳在拉力作用下便越拉越紧，从而使绳端固定，如图 2-29b 所示。此法装拆简便，但不适用于受冲击载荷的作业。

3) 绳卡固定法。将一端绕过心形套环后的钢丝绳用绳卡紧固，如图 2-29c 所示。用绳卡连接钢丝绳既牢固又拆卸方便，但由于绳卡螺栓使钢丝绳运动受到阻碍，不能穿过滑轮、卷筒等，其使用范围受到限制。绳卡固定常用于缆风绳、吊索等固定端的连接，也常用于钢丝绳捆绑物体时的最后卡紧。

在使用绳卡时需要注意以下几点：绳卡的规格大小应与钢丝绳直径相符，严禁代用（大代小或小代大）或在绳卡中加垫料来夹紧钢丝绳；使用时要将 U 形环部分卡在钢丝绳短头一边，绳卡压板在钢丝绳长头一边，这是因为 U 形环与钢丝绳的接触面小，使得该处钢丝绳强度降低，同时由于 U 形环处被压扁程度较大，若钢丝绳有滑移现象，只能在主绳一边，对安全有利；绳卡螺栓拧紧后以压扁钢丝绳直径的 1/3 左右为宜，绳卡使用后要检查螺栓丝扣有无损坏，暂不用时，在丝扣部位涂上防锈油，分类保存在干燥处。

依据《钢丝绳　安全　使用和维护》（GB/T 29086—2012）的规定，使用时的绳卡之间排列间距等于 6~7 倍钢丝绳直径，每一连接处所需钢丝绳夹的最少推荐数量需要根据钢丝绳直径而定，见表 2–6。

表 2–6　　用钢丝绳卡连接时的绳卡数

钢丝绳直径/mm	≤18	>18~26	>26~36	>36~44	>44~60
绳夹最少数量/组	3	4	5	6	7

（3）钢丝绳在使用过程中不得超过许用载荷，捆绑时如多点或多圈受力，则一定要使钢丝绳受力均匀；在捆绑或吊运重物时，要注意不要使钢丝绳直接和物件的尖锐棱边相接触。若必须相接触，在它们的接触处要垫以木板、麻片或其他衬垫物，以免物件的棱边损坏钢丝绳。

（4）钢丝绳在使用中，特别是在运动中要注意不得和其他物件产生摩擦，以免产生磨损或变形，降低其使用寿命；同时应防止钢丝绳与灰尘、砂土、煤粉矿渣、酸碱化合物接触，以免受腐蚀影响造成局部损伤而降低其强度。

（5）对使用于高温场合的钢丝绳必须采取隔热措施，以免其受高温后降低强度，同时要禁止其与带电金属（包括电焊线、电线等）接触，以免烧坏或受热后降低抗拉强度。

（6）钢丝绳在使用一段时间后，必须加润滑油。加润滑油一方面可以防止钢丝绳生锈，另一方面在使用过程中钢丝绳的绳股间或同股钢丝间会产生滑动摩擦，特别是钢丝绳在受到弯曲时，摩擦更为剧烈，加润滑油后可以减少这种摩擦。在加润滑油前，应用钢丝刷子和柴油把钢丝绳上黏附的泥土、铁锈或其他脏污清除干净，然后用硬毛刷或棉丝团把润滑油涂在钢丝绳上，润滑油可选用钢丝绳油脂或无水、不含酸性、碱性的其他油脂。

（7）当工作的钢丝绳上出现锈迹或绳上有大量的污物时，为消除锈蚀和污物对钢丝绳的腐蚀破坏，应拆除钢丝绳并进行清洗除污保养。清洗后的钢丝绳应及时涂抹润滑油（脂），为了提高润滑油油（脂）的浸透效果，需要将洗净的钢丝绳盘好再投入到加热至 80～100 ℃的润滑油（脂）中泡至饱和，使润滑油（脂）能充分地浸透到绳芯中。当钢丝绳重新工作时，油脂将从绳芯中不断渗入钢丝之间及绳股之间的空隙中，可以改善钢丝之间及绳股之间、钢丝绳与滑轮之间、钢丝绳与卷筒之间的摩擦情况。如果钢丝绳上污物不多，也可以直接在钢丝绳的重要部位（如经常与滑轮、卷筒接触部位的绳段及绳端固定部位绳段）涂抹润滑油或润滑脂，以减小摩擦降低钢丝绳的磨损量。

（8）钢丝绳使用完毕后，要先按上述方法清除绳上的脏污并涂上保护油，然后盘绕成圈，在钢丝绳的下面垫上木板或枕木，存放在干燥通风的地方，并定期进行检查。卷筒或滑轮的绳槽也应经常清理污物，如果卷筒或滑轮绳槽部分有破裂，可能会对钢丝绳造成破坏时，应及时对卷筒、滑轮进行修理或更换。

3. 钢丝绳的选用计算

实际使用中钢丝绳的受力情况比较复杂，钢丝绳不仅受到拉力，而且还有弯曲力、钢丝与钢丝之间的摩擦力、钢丝表面与滑轮和卷筒等之间的摩擦力和挤压力等。因此，在进行起重作业时，选择合适的钢丝绳对于确保作业的安全性和效率至关重要。根据钢丝绳的使用场合及工作要求合理地选择钢丝绳，应注意以下几点：

（1）不同型号的钢丝绳使用范围不同，一般情况下，钢丝绳在同直径时公称抗拉强度越低，每股内钢丝越多，钢丝直径越细，则绳的挠性越好，但钢丝绳易磨损。反之，每股内钢丝直径越粗，则钢丝绳挠性越差，钢丝绳耐磨损。根据起重吊装作业的实际需要及不同用途选择不同规格型号的钢丝绳。如作为起重用索具或穿滑轮使用则应选择柔软、易弯曲的 6×37 或 6×61 钢丝绳；如作为缆风绳或拖拉绳使用时，可选用 6×19 钢丝绳。

（2）钢丝绳与麻绳一样，主要承受拉伸作用，某一规格的钢丝绳允许所受的最大拉力是有一定限度的，超过这个限度，钢丝绳就会被破坏或拉断，钢丝绳被拉断时所受的力称为破断拉力。为确保起重吊装作业的安全可靠，钢丝绳允许所受的力（称许用拉力）应有一定的余量，一般为破断拉力的几分之一。

钢丝绳在工作状态下受力复杂，内部应力难以准确计算，在实际应用中，一般按与钢丝绳所在机构工作级别有关的安全系数来确定钢丝绳直径，称为最小安全系数法。所选钢丝绳的整绳最小破断拉力应满足：

$$F_0 \geqslant Sn$$

式中 F_0——所选钢丝绳的整绳最小破断拉力，N；

S——钢丝绳最大工作静拉力，N；

n——钢丝绳安全系数，见表 2-7。

表 2-7　钢丝绳安全系数

机构工作级别		M1	M2	M3	M4	M5	M6	M7	M8
安全系数 n	运动绳	3. 15	3. 35	3. 55	4	4. 5	5. 6	7. 1	9
	静态绳	2. 5	2. 5	3	3. 5	4	4. 5	5	5

钢丝绳的安全系数 n 反映了钢丝绳选用过程中的安全性，一般按机构的工作级别和绳的工作状态而定。吊运危险物品的起重用钢丝绳一般应按比机构设计工作级别高一级的工作级别来选择表 2-7 中钢丝绳最小安全系数 n 值；对于起升机构工作级别为 M7、M8 的某些冶金起重机和港口集装箱起重机等，在其使用过程中如果能监控钢丝绳劣化损伤发展的进程，在保证安全使用、保证一定使用寿命和及时更换钢丝绳的前提下，允许按稍低的工作级别选择钢丝绳；冶金起重机的最低安全系数不应小于 7.1，港口集装箱起重机主钢丝绳和小车曳引钢丝绳的最低安全系数不应小于 6，伸缩臂架用钢丝绳的安全系数不应小于 4。

（3）选用钢丝绳还需要考虑其抗弯强度和抗冲击强度。钢丝绳弯曲时所受到的弯曲应力与弯曲半径有关，如与卷扬机构卷筒直径的大小及钢丝绳所穿绕的滑轮直径大小等有关。为确保起重工作的安全可靠，卷筒和滑轮直径与钢丝绳直径之比应符合《起重机设计规范》（GB/T 3811—2008）的规定（见表 2-8）。

表 2-8　　卷筒和滑轮直径与钢丝绳直径之比

机构工作级别	卷筒直径与钢丝绳直径之比 h_1	滑轮直径与钢丝绳直径之比 h_2	平衡滑轮直径与钢丝绳直径之比 h_3
M1	11.2	12.5	11.2
M2	12.5	14	12.5
M3	14	16	12.5
M4	16	18	14
M5	18	20	14
M6	20	22.4	16
M7	22.4	25	16

续表

机构工作级别	卷筒直径与钢丝绳直径之比 h_1	滑轮直径与钢丝绳直径之比 h_2	平衡滑轮直径与钢丝绳直径之比 h_3
M8	25	28	18

注：1. 采用抗扭转钢丝绳时，h 值应按比机构工作级别高一级的值选取。

2. 对于流动式起重机及某些水工工地用的臂架起重机，建议取 $h_1=16$、$h_2=18$，与工作级别无关。

3. 臂架伸缩机构滑轮的 h_2 值可选为卷筒的 h_1 值。

4. 桥式和门式起重机的 h_3 等于 h_2。

5. 本表的 h 值不能限制或代替钢丝绳制造厂和起重机制造厂之间的协议，当考虑采用不同柔性的新型钢丝绳时尤其如此。

4. 钢丝绳的报废标准

钢丝绳是易损件，在使用过程中容易受各种因素的影响，如钢丝与钢丝之间摩擦、钢丝绳与其他物体之间的摩擦、自然环境等，在这些因素共同作用下，同一位置的不同损伤的综合累积造成钢丝绳的损坏。为确保起重作业的安全，要定期对钢丝绳进行检查，由主管人员判断并决定钢丝绳是报废还是继续使用。根据《起重机　钢丝绳　保养、维护、检验和报废》（GB/T 5972—2023）中的有关规定，一般按下列项目来判定是否需要报废：可见断丝、钢丝绳直径减少、断股、腐蚀、畸形和损伤。

（1）可见断丝。6 股和 8 股的钢丝绳断丝主要发生在外表；多层绳股的钢丝绳断丝大多数发生在内部，是不可见的断裂。根据断丝的位置不同，可见断丝一般有以下四种分类：断丝随机地分布在单层缠绕的钢丝绳，经过一个或多个钢制滑轮的区段和进出卷筒的区段，或者多层缠绕的钢丝绳位于交叉重叠区域的区段；在不进出卷筒的钢丝绳区段出现的呈局部聚集状态的断丝；股沟断丝；绳端固定装置处的断丝。常见的可见断丝如图 2-30、图 2-31 所示。

各种类型钢丝绳中达到报废程度的最少可见断丝数可通过查《起重机　钢丝绳　保养、维护、检验和报废》（GB/T 5972—2023）

中的表 3、表 4 确定。

图 2-30　股顶断丝

图 2-31　股沟断丝

（2）钢丝绳直径减少。对于不同类型钢丝绳，在卷筒上单层缠绕或经过钢制滑轮的钢丝绳区段，直径均匀减小的报废条件如下：纤维芯单层股钢丝绳直径均匀减小量 $Q \geqslant 10\%$；钢芯单层股钢丝绳或平行捻密实钢丝绳直径均匀减小量 $Q \geqslant 7.5\%$；阻旋转钢丝绳直径均

匀减小量 $Q \geq 5\%$。

直径的均匀减小量 Q 一般采用公称直径的百分比表示，计算公式如下：

$$Q = \frac{d_{ref} - d_m}{d} \times 100\%$$

式中 d_{ref}——钢丝绳参考直径，mm；

d_m——钢丝绳实测直径，mm；

d——钢丝绳公称直径，mm。

在实际使用中，如果发现钢丝绳直径有明显的局部减小，如由绳芯或钢丝绳中心区损伤（绳股凹陷）导致的直径局部减小，该钢丝绳应直接报废，如图 2-32 所示。

图 2-32　钢丝绳直径局部减小（绳股凹陷）

（3）断股。如果钢丝绳发生整股断裂，则应立即报废。

（4）腐蚀。在沿海、潮湿或酸洗等工况下，钢丝绳很容易发生腐蚀，腐蚀一方面减少了钢丝绳的金属面积，降低其破断强度；另一方面引起钢丝绳表面粗糙，引起裂纹并加速疲劳，严重的腐蚀还会引起钢丝绳弹性的降低。钢丝绳的腐蚀一般有以下三种：

1）外部腐蚀。钢丝绳的外部腐蚀可用肉眼观察，当钢丝表面出现重度凹痕以及钢丝绳松弛时应报废，如图 2-33、图 2-34 所示。

2）内部腐蚀。内部腐蚀经常伴随外部腐蚀出现，但用肉眼比较难以发现，当发现腐蚀碎屑从外层绳股之间的股沟溢出时，表明钢丝绳发生了内部腐蚀，如图 2-35 所示。

图 2-33　外部腐蚀

图 2-34　外部腐蚀（放大）

内部腐蚀有两点外在特征可供检查人员参考：钢丝绳在绕过滑轮的弯曲部位的直径通常变小，但对于静止段的钢丝绳，则由于外层绳股出现锈积而引起钢丝绳直径的增加；钢丝绳外层绳股间的空隙减小，甚至伴随出现外层绳股的断丝。

如果发现有任何内部腐蚀的迹象，主管人员应对钢丝绳进行内部检验或立即将其报废。

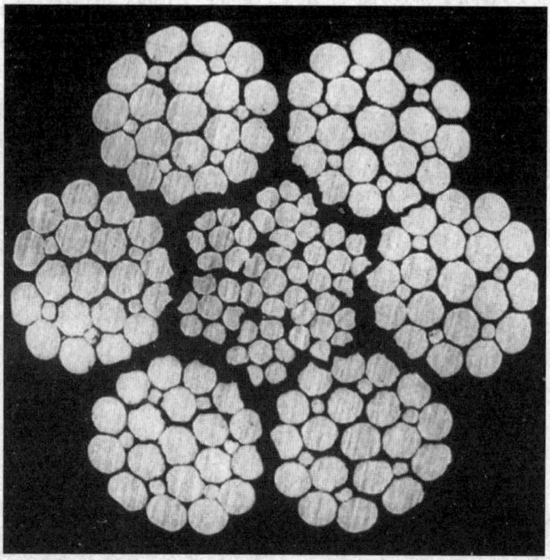

图 2-35　内部腐蚀

3）摩擦腐蚀。摩擦腐蚀是由干燥钢丝和绳股之间的持续摩擦产生钢质微粒的移动，然后氧化并产生形态为干粉（类似红铁粉）状的内部腐蚀碎屑。如果发现有摩擦腐蚀的迹象，应对钢丝绳进行进一步检查，若仍对其严重性存在怀疑，宜将钢丝绳报废。

（5）畸形和损伤。钢丝绳失去正常形状而产生的可见形状畸变都属于畸形，畸形通常发生在局部，会导致畸形区域的钢丝绳内部的应力分布不均匀，畸形和损伤会以多种方式表现出来，下面介绍较为常见的几种类型的报废基准。

1）波浪形。波浪形钢丝绳如图 2-36 所示。当在任何条件下，出现以下情况之一，钢丝绳应报废：在从未经过绕进滑轮或缠绕在卷筒上的钢丝绳直线区段上，直尺和螺旋面下侧之间的间隙 $g \geqslant 1/3 \times d$；在经过滑轮或缠绕在卷筒上的钢丝绳区段上，直尺和螺旋面下侧之间的间隙 $g \geqslant 1/10 \times d$。如图 2-37 所示。

图 2-36　波浪形

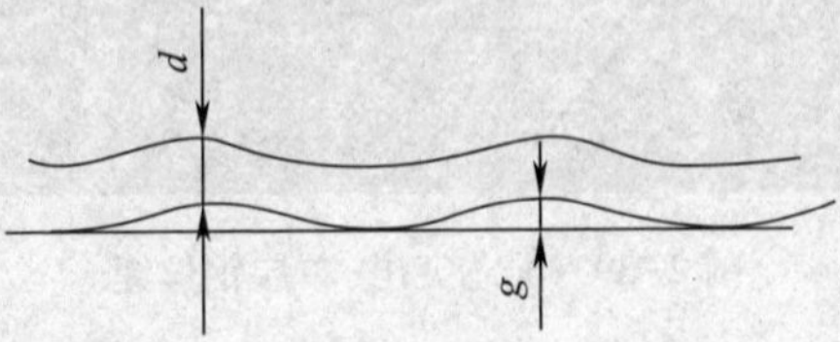

图 2-37　波浪形钢丝绳

d—钢丝绳公称直径　*g*—间隙

2）笼状畸形。这种变形往往出现在具有钢芯的钢丝绳上，当外层绳股发生脱节或变得比内部绳股长的时候就会发生这种变形，如图 2-38 所示。出现篮形或笼状畸形的钢丝绳应立即报废，或者将受影响的区段去掉，但应保证余下的钢丝绳能满足使用要求。

图 2-38　笼状畸形

3）绳芯、绳股突出或扭曲。这是篮形或笼状畸形的一种特殊类型，其特征是钢丝绳受力不平衡，表现为绳芯或钢丝绳外层股之间中心部分突出，或者外层股或股芯的突出，如图 2－39、图 2－40、图 2－41 所示。发生绳芯或绳股突出的钢丝绳应立即报废，或者将受影响的区段去掉，但应保证余下的钢丝绳能满足使用要求。

图 2－39　绳芯突出－单层钢丝绳

图 2－40　阻旋转钢丝绳的内层绳芯突出

4）钢丝突出。通常成组出现在钢丝绳与滑轮槽接触面的背面，如图 2－42 所示。发生钢丝突出的钢丝绳应立即报废，但需要注意的是，钢丝绳外层股中突出的单根钢丝，如果能除掉或在工作时不会影响钢丝绳的其他部分，可不必将其作为报废钢丝绳的理由。

图 2-41　绳股突出或扭曲

图 2-42　钢丝突出

5）绳径局部增大。钢丝绳绳径局部增大可能会影响到相当长的一段钢丝绳，绳径增大通常与绳芯畸变有关（如纤维绳芯受潮膨胀引起），会使外层绳股受力不均衡而不能保持正确的位置，如图 2-43 所示。钢芯钢丝绳直径增大 5%及以上，纤维芯钢丝绳直径增大 10%及以上，应查明其原因并考虑报废钢丝绳。

6）局部扁平。常见的局部扁平如图 2-44、图 2-45 所示。当钢丝绳的扁平区段经过滑轮时，可能会加速劣化并出现断丝，在这种情况下，根据压扁的程度来考虑是否报废钢丝绳。钢丝绳扁平区段可能会比正常绳段遭受更大程度的腐蚀，尤其是当外层绳股散开使湿气进入时如果继续使用钢丝绳，就应对其进行更频繁的检查，否则建议考虑报废钢丝绳。

图2-43　绳芯扭曲引起的钢丝绳直径局部增大

a）

b）

图2-44　局部扁平

由于多层缠绕而导致钢丝绳的局部扁平，如果伴随扁平出现的断丝数不超过标准规定的最少可见断丝数，可不报废。

7）扭结。扭结是一段环状钢丝绳在不能绕其自身轴线旋转的状态下被拉紧而产生的一种畸形，常见的扭结类型如图2-45所示。扭结会引起钢丝绳捻距不均匀导致过度磨损，严重的扭曲会使钢丝绳强度大幅降低，钢丝绳一旦发生扭结应立即报废。

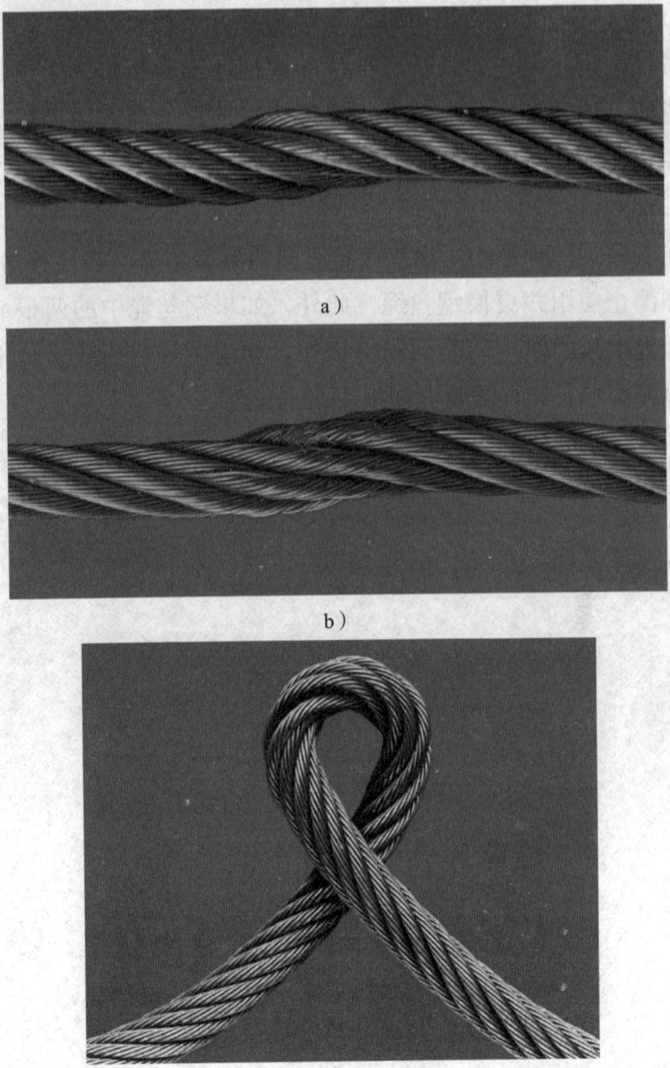

a）

b）

c）

图 2-45　扭结

a）正向　b）反向　c）整体扭结

8）折弯。折弯是钢丝绳由外部原因导致的一种角度畸形，一般通过主观判断确定钢丝绳的折弯程度是否严重。如果折弯程度并不严重，钢丝绳需要继续使用时，应对其进行更频繁的检查，否则建议考虑报废钢丝绳；如果折弯部位的底面伴随有折痕，无论其是否经过滑轮，均宜看作严重折弯，折弯严重的钢丝绳区段经过滑轮时可能会很快劣化并出现断丝，应立即报废钢丝绳。

9）热和电弧引起的损伤。钢丝绳受到异常高温的影响，外观能够看出表面钢丝颜色的变化或者润滑脂的异常消失。在这种情况下，应立即停止使用并更换钢丝绳。此外，如果钢丝绳中的两根或更多钢丝因为电弧的作用而受到局部损伤，如由于焊接引线接地不当造成的电弧影响，同样需要立即报废该钢丝绳。

第3单元 常用起重工具和小型起重设备

常用起重工具和小型起重设备包括滑车、千斤顶、手拉葫芦和电动葫芦、绞磨、卷扬机等。这些工具在起重吊装、搬运作业中非常常用，能够适应各种不同的工作环境和需求。

常用起重工具和小型起重设备在工业生产、建筑施工、物流运输等领域扮演着至关重要的角色。它们的作用和意义主要体现在以下几个方面：一是提高工作效率。起重工具和设备能够快速、高效地搬运和吊装重物，极大地提高了作业效率，减少了人力劳动强度。在大规模的生产和施工中，这一点尤为重要，因为它可以缩短工期，加快生产节奏。二是保障作业安全。正确使用起重工具和设备可以确保作业过程中人员和设备的安全。例如，使用千斤顶进行汽车维修时，可以避免车辆意外压伤维修人员；在建筑施工中，使用塔式起重机可以减少高空作业的风险。三是扩大作业范围。起重工具和设备可以使重物在垂直和水平方向上移动，扩大了作业范围。例如，滑车和滑车组可以通过改变力的方向，使重物在复杂的空间中移动，而电动葫芦和起重机则可以在较大的空间范围内进行作业。

模块 1　滑车

滑车是一种常见的起重工具，它在起重作业中发挥着重要的作用，如图 3-1、图 3-2 所示。滑车的设计简单却非常有效，它通过改变力的方向和大小来辅助提升和移动重物。滑车通常由以下几个主要部分组成：

滑轮：滑车的核心部分通常是一个带有凹槽的轮子，用于容纳绳索。

轴：滑轮围绕轴旋转，轴可以是固定的，也可以是可动的。

轴承：位于轴和滑轮之间，减少摩擦，使滑轮能够顺畅旋转。

夹板：用于固定滑轮和轴，确保结构的稳定性。

吊钩或链环：用于连接重物或绳索。

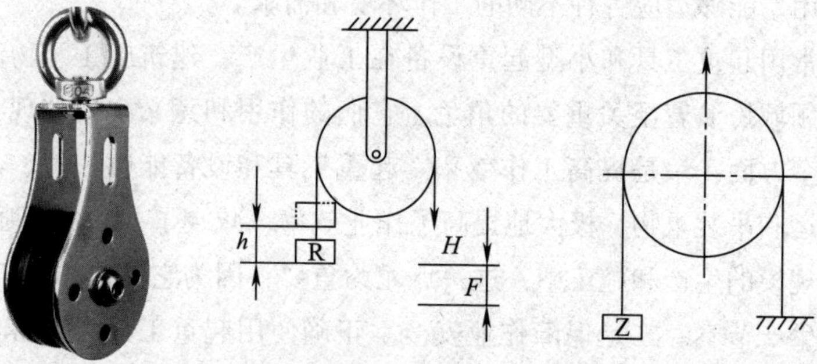

图 3-1　滑车

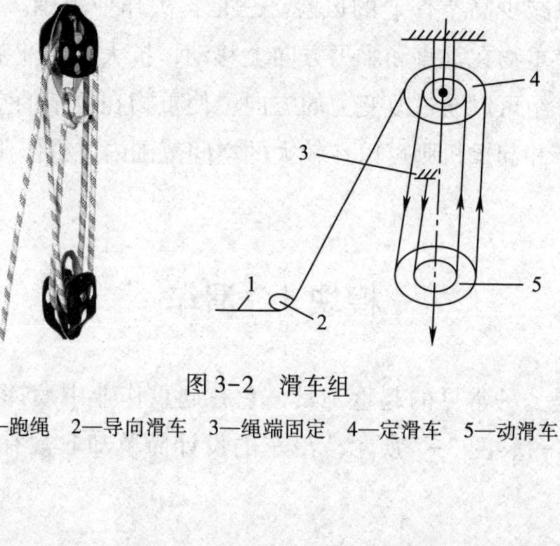

图 3-2　滑车组

1—跑绳　2—导向滑车　3—绳端固定　4—定滑车　5—动滑车

一、滑车的分类

滑车通过绳索在滑轮凹槽中的循环来工作，当施加力于绳索时，滑车利用杠杆原理，使得施加在绳索上的力被放大，从而更容易地提升或移动重物。滑车可以单独使用，也可以组成滑车组，以提高起重能力和效率。滑车的分类可以从多个角度进行划分，包括轮数、结构形式、使用方式等。

1. 按轮数的多少分类

单门滑车：只有一个滑轮的滑车，通常用于简单的起重任务。

双门滑车：有两个滑轮的滑车，可以提供更大的省力系数。

多门滑车：含有多个滑轮的滑车，通常用于复杂的起重作业，能够提供更大的力的转换和分配。

2. 按滑车与吊物的连接方式分类

吊钩式滑车：滑车配备有吊钩，便于直接吊装物品。

链环式滑车：使用链环连接滑车和吊物，适用于需要快速连接和释放的场合。

吊环式滑车：通过吊环与绳索或其他设备连接，适用于多种吊装需求。

吊架式滑车：适用于大型或重型起重作业，通常用于吊运大型构件或设备。

3. 按使用方式分类

定滑车（固定滑车）：固定在某个位置，主要用于改变力的方向，不省力。

动滑车（动滑轮）：可以移动，既可以改变力的方向，也能提供省力的效果。

导向滑车：又称开门滑车，它与定滑轮相似，仅能改变绳索方向，不省力。

4. 按滑车的轮和轴的接触方式分类

装滑动轴承的滑车：轮和轴之间使用滑动轴承，适用于承受较大载荷的场合。

装滚动轴承的滑车：轮和轴之间使用滚动轴承，转动灵活、经久耐用。

5. 按夹板类型分类

开口滑车：夹板可以打开，便于装绳索，常用于扒杆底脚处作导向滑车用。

闭口滑车：夹板固定，适用于固定式的吊装作业。

滑车的使用范围广泛，可以手动或机动使用，主要用于工厂、矿山、农业、电力、建筑等领域的生产施工，码头、船坞、仓库的机器安装、货物起吊等。在选择滑车时，应根据受力分析及牵引力和容绳量来选择其吨位和轮数，不得超载使用。此外，滑车必须有合格证明，使用前应进行检查并注油润滑，其转动部分必须灵活。

二、滑车的使用

1. 钢丝绳的穿绕方法

在滑车使用过程中，钢丝绳的穿绕方法对于确保起重作业的安全性和效率至关重要。正确的穿绕方法可以减少钢丝绳的磨损，避免打结或扭曲，从而提高作业的稳定性和可靠性。以下是几种常见的钢丝绳穿绕滑车的方法。

（1）基本穿绕法。这是最简单的穿绕方法，适用于大多数起重作业，主要包括顺穿法（见图 3-3）和花穿法，这两种方法在实际应用中非常普遍。

1）顺穿法是一种比较简单的穿绕方法，通常用于滑车数量较少的情况，如图 3-3 所示。在这种方法中，钢丝绳从滑车的一侧进入，直接穿过滑轮，然后从另一侧出来，形成一个直线路径。顺穿法分

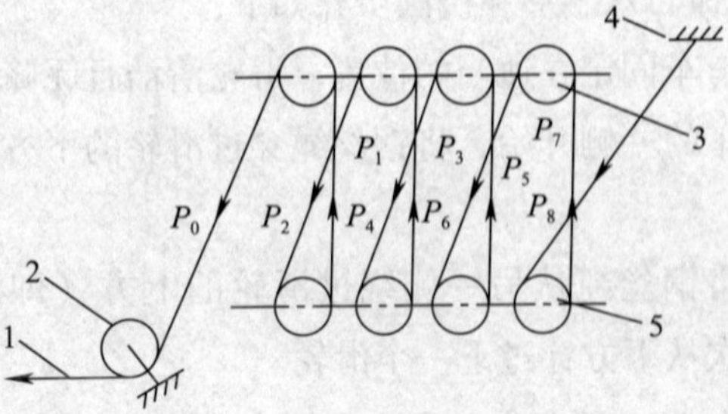

图 3-3　顺穿法

1—跑绳　2—导向滑车　3—定滑车　4—死头　5—动滑车

为以下步骤:

①将滑车组在地面上按使用要求摆放好，保持一定的间距。

②从钢丝绳的一端开始，将绳索穿过第一个滑轮的轮槽。

③按照相同的方向，继续将钢丝绳穿过后续的每一个滑轮。

④完成所有滑轮的穿绕后，将钢丝绳的末端固定在所需的位置。

2）花穿法是一种更为复杂的穿绕方法，适用于滑车数量较多的滑车组。这种方法可以改善滑车组的工作条件，减少钢丝绳的摩擦和磨损。花穿法分为以下步骤:

①将滑车组按顺序摆放好，确定起始滑车和结束滑车。

②从起始滑车开始，将钢丝绳穿过第一个滑轮，然后跳过一个滑轮，穿向对面的滑轮。

③继续这种交替穿绕的方式，即穿过一个滑轮后，下一次就跳过它，穿向对面的滑轮。

④当接近结束滑车时，根据实际情况调整穿绕方式，确保钢丝绳可以顺畅地从最后一个滑轮中穿出。

（2）八字形穿绕法。八字形穿绕法适用于需要减少钢丝绳磨损的场合。钢丝绳从滑车的一侧进入，绕过滑轮，然后从同一侧出来，形成类似数字“8”的形状。这种方法可以减少钢丝绳的弯曲次数，延长其使用寿命。八字形穿绕法步骤如下：

1）确保滑车固定在适当的位置，滑轮清洁且无障碍物。

2）从滑车的一侧开始，将钢丝绳穿过滑轮的下方（即滑轮的槽口朝上）。

3）继续将钢丝绳从另一侧绕过滑轮的上方（即滑轮的槽口朝下），然后再次从下方穿过下一个滑轮。

4）按照上述“下—上—下—上”的顺序，重复穿绕直到钢丝绳的末端。

5）完成穿绕后，检查钢丝绳是否均匀分布在滑轮上，确保没有扭曲或重叠的部分。必要时进行调整，以确保钢丝绳的张力均匀。

（3）交叉穿绕法。交叉穿绕法适用于需要增加省力系数的场合。钢丝绳从滑车的一侧进入，绕过滑轮，然后从另一侧出来，再绕过另一个滑轮，最后从起始侧出来。这种方法可以提供更大的力的转换，适用于双轮滑车或多轮滑车。交叉穿绕法步骤如下：

1）确保所有滑车都已经正确安装，并按照作业需求排列好。

2）从滑车组的一端开始，将钢丝绳穿过第一个滑轮的一侧（例如，从滑轮的右侧开始）。

3）接着将钢丝绳从下一个滑轮的对侧（即左侧）穿过，然后再次从第三个滑轮的右侧穿过，依此类推。

4）按照“右—左—右—左”的顺序，继续交叉穿绕钢丝绳，直到达到滑车组的另一端。

5）在滑车组的末端，将钢丝绳固定在适当的位置，确保在作业过程中不会松动。

（4）多轮滑车组穿绕法。在复杂的起重作业中，可能需要使用多个滑车组成的滑车组。钢丝绳首先穿过动滑车，然后依次穿过定滑车，最后固定在锚点上。这种方法可以提供更大的提升力和更复杂的力的分配。多轮滑车组穿绕法步骤如下：

1）首先确保所有滑车都已经检查并确认无损坏，且润滑良好。将滑车组按照作业需求排列好，并确保滑车之间的连接件（如吊环或连接链）已经正确安装。

2）从滑车组的第一个滑车开始，将钢丝绳端头穿过滑车的轮槽。如果是多轮滑车，确保钢丝绳依次穿过每个滑轮。

3）按照顺序，将钢丝绳从第一个滑车的另一侧穿出，然后依次穿过后续滑车的轮槽。对于多轮滑车，同样需要确保钢丝绳穿过每个滑轮。

4）在穿绕过程中，可以根据需要采用交叉穿绕法，即钢丝绳在穿过滑轮时交替上下位置，这样可以更均匀地分配力量，减少钢丝绳的磨损。

5）当钢丝绳穿过最后一个滑车后，将其端头固定在卷筒或其他固定装置上，确保固定牢固，以防在提升过程中滑脱。

6）在提升重物前，检查整个滑车组的钢丝绳是否均匀分布，没有扭曲或打结。调整钢丝绳的张力，确保在提升过程中滑车组能够平稳工作。

2. 滑车使用注意事项

滑车作为一种常用的起重工具，其正确和安全使用对于保障作业人员和设备的安全至关重要。滑车在使用过程中必须把安全放在第一位，应注意以下几点：

（1）选择合适的滑车。根据作业的具体需求，选择合适的滑车型号和规格。考虑重物的重量、提升高度、作业环境等因素，选择合适的定滑车或动滑车。使用合适数量的滑车以获得所需的省力系数。

（2）检查滑车及其配件。在使用滑车前，应进行全面的检查，确保所有部件完好无损。包括滑轮、轴、轴承、吊钩、链条等。检查是否有裂纹、变形、磨损过度或损坏的情况，确保滑车没有锈蚀，且转动部分灵活无阻。

（3）正确穿绕钢丝绳。按照正确的方法穿绕钢丝绳，确保钢丝绳平直、无扭曲或打结。根据滑车的数量和作业的要求选择顺穿法或花穿法，确保钢丝绳在穿绕过程中保持适当的张力。

（4）固定钢丝绳。钢丝绳穿绕完成后，应将其牢固地固定在滑车上，防止在作业过程中出现滑脱。使用合适的固定装置，如U形环或特殊的结扣。

（5）避免超载。严格遵守滑车的额定负载，不要超载使用。超载可能导致滑车损坏或钢丝绳断裂，造成严重的安全事故。

（6）保持润滑。定期对滑车的转动部分进行润滑，以减少摩擦和磨损。使用合适的润滑剂，并按照制造商的推荐进行润滑。

（7）安全操作。操作人员应接受适当的培训，了解滑车的正确使用方法和安全措施。在作业过程中，应保持清晰的通信，并遵循相关的安全规定和操作规程。

（8）监控作业环境。在起重作业中，应密切监控作业环境，如天气状况、地面条件等，避免在恶劣天气或不稳定的地面上作业，以减少意外风险。

（9）紧急准备。准备好紧急情况下的应对措施，如备用钢丝绳、救援设备等，确保作业人员知晓如何在紧急情况下采取行动。

（10）作业后检查与维护。作业完成后，应检查滑车和钢丝绳的状态，及时处理发现的问题。进行必要的维护工作，并妥善存放滑车，以备下次使用。

（11）避免锐角弯曲。在穿绕钢丝绳时，避免使钢丝绳产生锐角弯曲，这样可以减少钢丝绳的磨损和断裂风险。

（12）使用合适的钢丝绳。考虑钢丝绳的直径、强度和柔韧性，选择与滑车相匹配的钢丝绳。不要使用损坏或不合格的钢丝绳。

（13）避免突然的负载变化。在提升或降低重物时，应避免突然的负载变化，以免对滑车和钢丝绳造成不必要的压力。

（14）遵守作业规程。严格按照作业规程进行操作，不要擅自改变作业方法或忽视安全措施。

三、相关计算

1. 滑车与滑车组的作用及力的计算

（1）滑车的作用

1）改变力的方向。滑车可以改变作用力的方向，使得力从垂直变为水平，或者在其他方向上产生作用，这对于在特定方向上施加力非常有用。

2）省力。通过使用动滑车，可以减少提升重物所需的力。动滑车的设计使得只需要施加部分力就能提升整个重物。

3）提高效率。滑车组可以由多个滑车组成，通过增加滑轮的数量，可以进一步减少所需的力，提高起重效率。

4）平稳提升。滑车可以使重物的提升过程更加平稳，减少因突然施加力而造成的冲击和振动。

（2）滑车组的作用

1）更大的省力系数。滑车组通过组合多个定滑车和动滑车，可以提供更大的省力系数，使得提升重物更加容易。

2）复杂的起重作业。滑车组可以配置成多种方式，以适应复杂的起重作业，如提升、移动或旋转重物。

3）减少摩擦和磨损。通过合理配置滑车组，可以减少钢丝绳和其他部件之间的摩擦和磨损，延长使用寿命。

（3）力的计算。在使用滑车或滑车组时，需要计算所需的力和省力系数。以下是一些基本的计算公式。

省力系数（MA）：省力系数是指使用机械装置（如滑车或滑车组）时，施加力与实际提升力的比值。在不考虑滑车重量和摩擦力的情况下：

对于单个滑车，省力系数可以通过以下公式计算。

定滑车：$MA=1$（不省力，只改变力的方向）。

动滑车：$MA=2$（省一半力）。

对于滑车组，省力系数可以通过与动滑车相连的绳子的股数来计算，例如，如果一个滑车组由一个动滑车和一个定滑车组成，当与动滑车相连的绳子的股数为 2 时，省力系数可以计算为：$MA=2$（即提升力是被吊物体重力的 1/2）；当与动滑车相连的绳子的股数为 3 时，省力系数可以计算为：$MA=3$（即提升力是被吊物体重力的 1/3）。也就是说，若与动滑车相连的绳子的股数为 n，那么省力系数就是 n，实际提升力就等于被吊物体重力的 $1/n$，即：

$$MA=n$$

实际提升力（F）：是指在考虑省力系数后需要施加的力，计算公式如下：

$$F=\frac{W}{MA}=\frac{W}{n}$$

式中　W——重物的重量，N。

绳子股数（n）：在滑车组中，绳子股数是指支撑重物的钢丝绳段数（即与动滑车相连的绳子的股数）。在计算中，绳子股数与省力系数有关。例如，如果一个滑车组有 4 段绳子支撑重物，那么省力系数可以计算为：

$$MA=n$$

对于上述例子，如果 $n=4$，那么 $MA=4$。

2. 起重钢丝绳长度计算

滑车起重钢丝绳长度的计算对于确保起重作业的顺利进行非常重要。正确的长度可以避免钢丝绳过短导致的提升不足，或者过长导致的缠绕和不必要的拖拽。起重钢丝绳长度需要考虑的因素：

（1）确定作业需求。首先，需要知道重物的提升高度（H），即从重物的初始位置到最终位置的垂直距离。

（2）考虑滑车组的配置。滑车组可能包括定滑车和动滑车，以及它们的数量和排列方式。这将影响钢丝绳的路径和长度。

（3）计算钢丝绳的有效长度。有效长度是指钢丝绳从卷筒放出到达重物并完成提升的总长度。这通常包括从卷筒到第一个滑车、通过所有滑车、再到重物的长度。

（4）考虑安全余量。为了确保作业的安全和顺利，通常在计算的基础上增加一定的安全余量。这个余量可以根据作业的具体要求和钢丝绳的类型来确定。

钢丝绳总长度（L）的计算公式可以表示为：

$$L = H \times (n + 1) + E$$

式中　H——重物的提升高度，m；

n——通过滑车组的钢丝绳股数；

E——安全余量和其他附加长度（如从卷筒到作业点的距离），m。

假设需要提升一个高度为 10 m 的重物，使用一个由两个动滑车和一个定滑车组成的滑车组，一共有 4 股钢丝绳与动滑车相连，安全余量和其他附加长度为 5 m。根据公式，钢丝绳的总长度计算如下：

$$L = 10 \times (4 + 1) + 5 = 55 \text{ m}$$

模块 2　千斤顶

千斤顶是一种常见的起重工具，广泛应用于汽车维修、机械安装、建筑施工等领域。它利用杠杆原理，通过较小的力臂施加力，从而在较大的力臂端产生较大的力，以举起重物。千斤顶有多种类型，包括齿轮千斤顶、螺旋千斤顶和液压千斤顶等，每种类型都有其特定的应用场景和优势，如图 3-4、图 3-5、图 3-6 所示。

图 3-4　齿轮千斤顶

图 3-5　螺旋千斤顶

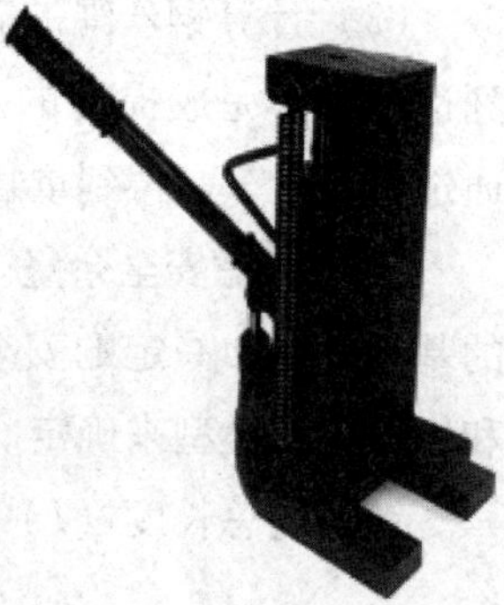

图 3-6　液压千斤顶

一、齿轮千斤顶

齿轮千斤顶也称为齿轮式千斤顶或机械式千斤顶，是一种利用齿轮和螺杆机构来实现升降的起重设备。它通常用于汽车维修、机械安装、设备维修和其他需要精确控制重物升降的场合。齿轮千斤顶的主要特点是结构紧凑、操作简便、承载能力较强，并且能够在较小的空间内提供稳定的支撑。

齿轮千斤顶的工作原理：齿轮千斤顶的核心部件是螺杆和齿轮机构。当操作者旋转手柄时，齿轮机构会驱动螺杆旋转，螺杆的旋转使得与其相连的齿轮上升或下降，从而实现重物的升降。齿轮千斤顶通常有一个可调节的螺母，用来固定螺杆的位置，确保重物稳定。

齿轮千斤顶有以下几方面的优点。

精确控制：齿轮千斤顶可以提供精确的升降控制，适合需要精细调整的场合。

承载能力强：相比其他类型的千斤顶，齿轮千斤顶通常具有较高的承载能力。

结构紧凑：齿轮千斤顶的设计紧凑，便于携带和存放。

维护简单：齿轮千斤顶的结构相对简单，维护和清洁比较容易。

耐用性好：由于齿轮和螺杆机构的稳定性，齿轮千斤顶通常具有较长的使用寿命。

二、螺旋千斤顶

螺旋千斤顶又称为螺旋式千斤顶或螺丝千斤顶，是一种利用螺旋原理来实现重物升降的简单而有效的起重设备。它由螺杆、螺母、支撑底座和手柄等部分组成，广泛应用于汽车维修、机械安装、设备维修和其他需要精确控制重物升降的场合。

螺旋千斤顶的工作原理：螺旋千斤顶的工作原理相对简单。当手柄被旋转时，螺杆随之转动，由于螺杆和螺母之间的螺纹配合，螺母会沿着螺杆上下移动。在螺旋千斤顶中，螺母通常与重物或支撑部件相连接，因此当螺母上升时，重物也随之升起；反之，当螺母下降时，重物降低。

螺旋千斤顶有以下几方面的优点。

精确控制：螺旋千斤顶可以提供非常精确的升降控制，适合需要精细调整的场合。

结构简单：它的设计简单，易于操作和维护。

自锁性：大多数螺旋千斤顶具有良好的自锁性能，即使在没有额外锁定装置的情况下也能保持重物稳定。

承载能力好：根据设计和制造材料的不同，螺旋千斤顶可以承载不同的重量。

便携性好：螺旋千斤顶体积通常较小，因此便于携带和存储。

三、液压千斤顶

液压千斤顶是一种利用液体压力来实现重物升降的起重设备。它通过液压系统的原理，能够用较小的力举起较重的物体，广泛应用于汽车维修、机械安装、重型设备维修和其他需要较大起重能力的场合。

液压千斤顶的工作原理：液压千斤顶的核心部件包括液压泵、油缸、油管和控制阀。当操作者操作液压泵手柄或使用电动泵时，液压油被压缩并传送到油缸中，油压的增加推动油缸的活塞杆伸出或缩回，从而实现重物的升降。液压系统的设计使得液压千斤顶具有较高的机械优势，能够省力地举起重物。

液压千斤顶有以下几方面的优点。

省力高效：液压千斤顶可以轻松举起重物，操作者只需施加较小的力。

稳定性好：液压千斤顶在工作时提供稳定的支撑，减少了重物移动或滑动的风险。

承载能力强：液压千斤顶能够承受较大的负载，适用于重型起重作业。

精确控制：液压系统可以实现对重物升降的精确控制，适合精细作业。

维护简单：液压千斤顶需要定期简便维护，只需检查各元器件没有泄漏和损坏即可。

四、千斤顶的使用注意事项

1. 齿轮千斤顶的使用注意事项

（1）检查设备。在使用前，检查齿轮千斤顶的螺杆、齿轮、手柄和其他部件是否完好无损，确保没有裂纹或过度磨损。

（2）选择合适的型号。根据需要举起的重物重量和工作环境，选择合适的齿轮千斤顶型号。

（3）平稳放置。确保齿轮千斤顶放置在平稳、坚硬的地面上，避免在软土或不稳定的地面上使用。

（4）避免超载。不要超过齿轮千斤顶的最大承载能力，以免发生意外。

（5）缓慢操作。在升起或降低重物时，应缓慢操作，避免快速动作可能导致的意外。

（6）安全监控。在使用齿轮千斤顶时，应有专人监控，确保作业的安全。

（7）定期维护。定期对齿轮千斤顶进行清洁和维护，确保其长期保持良好的工作性能。

2. 螺旋千斤顶的使用注意事项

（1）检查设备。在使用前，检查螺旋千斤顶的螺杆、螺母、手柄和底座等部件是否完好无损，确保没有裂纹或过度磨损。

（2）选择合适的型号。根据需要举起的重物重量和工作环境，选择合适的螺旋千斤顶型号和规格。

（3）平稳放置。确保螺旋千斤顶放置在平稳、坚硬的地面上，避免在软土或不稳定的地面上使用，以防千斤顶滑动或翻倒。

（4）避免超载。不要超过螺旋千斤顶的最大承载能力，以免发生意外或损坏设备。

（5）缓慢操作。在升起或降低重物时，应缓慢操作，避免快速动作可能导致的意外。

（6）安全监控。在使用螺旋千斤顶时，应有专人监控，确保作业的安全。

（7）定期维护。定期对螺旋千斤顶进行清洁和维护，确保其长期保持良好的工作性能。

3. 液压千斤顶的使用注意事项

（1）检查设备。在使用前，检查液压千斤顶的油缸、油管、控制阀和液压油是否完好无损，确保没有泄漏或损坏。

（2）选择合适的千斤顶。根据需要举起的重物重量和工作环境，选择合适的液压千斤顶型号和规格。

（3）平稳放置。确保液压千斤顶放置在平稳、坚硬的地面上，避免在软土或不稳定的地面上使用。

（4）避免超载。不要超过液压千斤顶的最大承载能力，以免发生意外或损坏设备。

（5）缓慢操作。在升起或降低重物时，应缓慢操作，避免快速动作可能导致的意外。

（6）安全监控。在使用液压千斤顶时，应有专人监控，确保作业的安全。

（7）定期维护。定期对液压千斤顶进行清洁和维护，检查液压油的质量和系统的压力，必要时更换液压油和密封件。

模块3 手拉葫芦和电动葫芦

葫芦是一种传统的起重工具，广泛应用于工业、农业、建筑和日常生活中。根据动力来源和操作方式的不同，葫芦可以分为手拉葫芦和电动葫芦两大类，如图3-7、图3-8所示，两者在结构、工作原理和使用场景等方面存在显著差异。

图 3-7　手拉葫芦

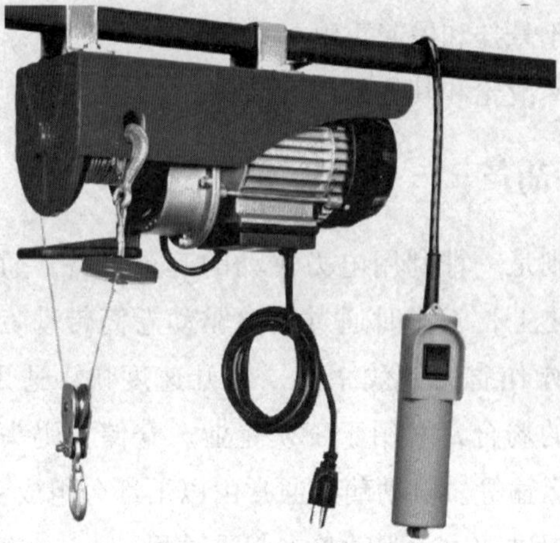

图 3-8　电动葫芦

一、手拉葫芦

手拉葫芦也被称为神仙葫芦、链条葫芦、倒链、斤不落、手动葫芦等，是一种操作简单、成本低廉、维护方便、携带方便且不需要电源的手动起重机械。它适用于小型设备和货物的短距离吊运，起重量一般不超过 10 t，最大的可达 20 t，起重高度一般不超过 6 m。手拉葫芦的外壳材质是优质合金钢，坚固耐磨，安全性能高。操作时，通过人力拉动手柄进行升降，顺时针拽动手动链条可使重物上升，逆时针拽动则可使重物下降。这种设备具有安全可靠、维护简便、机械效率高、手链拉力小、自重较轻、便于携带、外形美观、尺寸较小、经久耐用的特点，特别适用于工厂、矿山、建筑工地、码头、船坞、仓库等场所，尤其对于露天和无电源作业环境，手拉葫芦显示出其优越性。手拉葫芦通常由以下部分组成。

链条：用于传递力量，连接手轮和滑轮。

手轮：操作者通过旋转手轮来拉动链条。

滑轮：改变力的方向并提供机械优势。

吊钩：用于悬挂和吊起重物。

框架：支撑滑轮和其他部件的结构。

二、电动葫芦

电动葫芦则是一种利用电力驱动的起重设备，通常安装在起重设备、龙门吊之上，工作时通过电力驱动卷筒带动货物升降。电动葫芦的优点是操作省力、效率高、提升速度快，适用于负载较重、提升高度较大的场合，常用于工矿企业、仓储、码头等场所的普通升降、悬挂和运输等。电动葫芦通常由以下部分组成。

电动机：提供动力，驱动整个起重过程。

传动机构：将电动机的动力传递给卷筒或链条。

卷筒：缠绕钢丝绳，用于提升或降低重物。

吊钩：与手拉葫芦相同，用于悬挂和吊起重物。

控制系统：包括按钮或开关，用于控制电动葫芦的启动、停止和运动方向。

常用的电动葫芦有钢丝绳电动葫芦、环链电动葫芦。电动葫芦通常会配置一些安全保护装置，用于监测和控制葫芦的运行状态，防止各种可能导致事故发生的情况，保障操作人员和设备的安全，如相序保护继电器、起升高度限制器、起重量限制器等。

三、葫芦的使用注意事项

1. 手拉葫芦的使用注意事项

（1）起重链条及手拉链条不应有错扭现象，以免在起吊重物时链条卡死在链轮中，影响正常工作。

（2）葫芦的吊挂必须牢靠，不得有吊钩歪斜及将重物吊在圆钩尖端等不良现象，其他葫芦也是一样，如手扳葫芦等。

（3）在起吊重物前应估计一下重量是否超出手拉葫芦的额定载荷，切勿超载使用。

（4）在倾斜或水平方向使用拉链时，拉链的方向应与手链轮方向一致，不要在与手链轮不同平面内斜向拽动手链条，以免发生手拉链卡住或脱链现象。

（5）如果操作时发现拉不动拉链，切不可猛拉，更不能增加人员，应立即停止使用拉链。

（6）在起吊过程中，无论重物上升或下降，拽动手拉链时，用力应均匀缓慢，不要用力过猛，以免链条跳动脱出链轮或卡坏。

（7）在起吊过程中，无论重物上升或下降，严禁有人在重物下面做任何工作或行走，以免发生人身事故。其他葫芦都是一样的操作程序，如电动葫芦、气动葫芦。

2. 电动葫芦的使用注意事项

（1）在使用电动葫芦之前，必须仔细阅读并熟悉使用说明书，了解设备的操作方法和安全注意事项。需要确保操作人员经过专业培训，熟悉设备操作方法，并具备一定的基本安全知识。

（2）了解设备的额定载荷和最大起重高度，并确保所需起重物品不超过其额定载荷。

（3）检查电动葫芦的电源线是否正常，设备是否处于良好的工作状态，避免在故障或损坏状态下使用。

（4）操作人员在使用电动葫芦时，应穿着合适的工作服，并戴好安全帽和防护手套等个人防护装备。特别是在悬挂和吊装重物时，应检查脚下是否有杂物，并确保周围人员的安全。

（5）操作人员应站在电动葫芦的侧面，保持适当的姿势，以便查看和控制起重物品的位置。

（6）在操作过程中，应避免过度拉扯起重链条或绳索，以免发生断裂或松动现象，造成危险。

（7）在起重过程中，应保持稳定的工作环境，避免地面有坑洼或不平整的情况，并注意避免和其他设备或物体碰撞。

（8）操作人员在控制电动葫芦运动时，需要缓慢操作，避免突然加速或减速，以免影响起重物品的平稳升降。

（9）定期检查电动葫芦的电源线和电控箱，确保线路没有破损或老化，设备电源接地良好。

（10）对电动葫芦的整体结构要进行定期检查，如发现螺钉松动或零部件破损等情况，应及时修复或更换。

（11）对电动葫芦的安全保护装置进行定期检查。

模块 4　绞磨

绞磨是一种常见的起重工具，根据是否有力驱动，分为人力绞磨和机动绞磨两类。

一、绞磨的构造及工作原理

1. 人力绞磨的构造及工作原理

人力绞磨是一种使用较普遍的人力牵引工具，主要用于起重速度不快、没有电动卷扬机及没有电源的偏僻地区及牵引力不大的施工作业，如图 3-9 所示。其构造原理是利用杠杆原理和摩擦的联合作用，将起重绳索绕在磨芯上，另一端用人力拉紧起重绳，由于起重绳与磨心轴发生摩擦，而随磨心轴转动。

图 3-9　人力绞磨

人力绞磨是一种基本的起重和牵引设备，它的结构相对简单，主要由以下几个部分组成。

框架：框架是绞磨的基础，通常由坚固的金属制成，用于支撑整个绞磨结构并提供稳定性。框架的设计通常考虑到便于携带和安装的需要。

手柄：手柄是人力绞磨的动力输入部分，操作者通过旋转手柄来驱动整个系统。手柄的数量可能有一个或多个，具体取决于绞磨的设计和所需的力矩。

齿轮系统：齿轮系统是人力绞磨的核心部分，包括一系列的齿轮和轴。操作者通过旋转手柄，动力通过齿轮系统传递并放大，最终转化为绳索或链条的线性牵引力。

绳索或链条：绳索或链条用于传递牵引力，连接绞磨和被牵引或提升的物体。它们通常由耐用的材料制成，如钢丝绳或合成纤维绳，以承受较大的拉力。

固定装置：固定装置用于将绳索或链条固定在被牵引或提升的物体上，包括钩子、夹具或其他类型的连接器等。

制动装置：一些绞磨配备有制动装置，用于控制或停止绳索或链条的移动，以确保作业的精确性和安全性。

轴承和滚轮：轴承和滚轮用于减少摩擦并允许绳索或链条顺畅地绕过绞磨的某些部件，提高系统的效率。

导向滑轮：导向滑轮用于改变绳索或链条的方向，使牵引力能够按所需方向作用于物体。

人力绞磨的优点是，其结构简单、操作容易、安装、移动、维修保养方便，制造容易，工作平稳，不需要电源。然而，它也存在一些缺点，例如当起重较重的重物时，需要较多的人力，劳动强度大，安全性较差。其主要应用场景包括：

起重作业：在起重速度要求不高、起重量不大且没有电源的场所，人力绞磨是理想的起重工具。它尤其适用于偏僻地区或机动卷扬设备无法使用的地方，能够通过人力拉紧起重绳实现物体的升降和移动。

建筑工程：在建筑工地，人力绞磨常用于吊装轻型建筑材料、设备或工具。由于其操作简单、移动方便，它成为许多建筑工人喜爱的工具之一。

农业领域：在农业生产和农村建设中，人力绞磨也发挥着重要作用，它可以用于吊装农具、农作物或其他农业物资，帮助农民完成一些繁重的体力劳动。

救援和应急场合：在灾难救援或紧急情况下，电源可能无法使用或难以获取。此时，人力绞磨凭借其不需要电源的优点，成为救援人员的重要工具，用于吊装救援设备、物资或人员。

2. 机动绞磨的构造及工作原理

机动绞磨是一种更为先进的起重和牵引设备，它结合了内燃机或电动机的动力输出与绞磨的机械传动系统，如图 3-10 所示。

图 3-10　机动绞磨

工作原理主要是其组成部件的协同作用，核心组成部分包括滚筒轮、变速箱、柴油机或汽油机以及底座框架。这些部件共同协作，使得机动绞磨能够高效地完成各种起重、牵引和紧线作业。柴油机或汽油机作为动力源，为整个机动绞磨提供所需的动力。这些动力经过变速箱的变速处理，以达到工作所需的转速。变速箱的作用是调整动力输出的速度和扭矩，以满足不同作业场景的需求。变速后的动力传递到滚筒轮。滚筒轮是机动绞磨的主要工作部件，它通过与钢丝绳的直接接触，实现牵引和起重功能。当滚筒轮转动时，钢丝绳被缠绕在其上，并通过摩擦力与滚筒轮紧密配合，从而实现牵引作用。

机动绞磨主要由以下几部分组成。

动力单元：这是机动绞磨的核心部分，可以是一个内燃机（如汽油或柴油发动机）或电动机。动力单元提供必要的动力来驱动整个绞磨系统。

传动系统：传动系统通常包括一系列的齿轮、皮带、链条或液压元件，用于将动力单元的旋转动力传递到绞磨的工作部分。这个系统的设计确保了动力的有效传递和调整。

卷筒或鼓轮：卷筒或鼓轮是绞磨的关键部件，用于缠绕和放出钢丝绳或链条。它们通常带有防滑纹理，以确保绳索或链条在卷取或释放时不会滑脱。

钢丝绳或链条：这些是传递牵引力的主要元件，连接被牵引或提升的物体。钢丝绳或链条的强度和耐用性对于整个绞磨的性能至关重要。

离合器和制动器：离合器用于接合和脱离动力单元与传动系统之间的连接，而制动器则用于控制和停止卷筒或鼓轮的旋转，确保操作的精确性和安全性。

控制系统：控制系统包括一系列的控制杆、按钮或踏板，操作者通过它们来控制机动绞磨的启动、停止、速度和方向。

支架和底座：支架和底座为绞磨提供稳定的支撑，确保在作业过程中的稳定性和安全性。底座通常设计有轮子，以便于设备的移动和定位。

安全装置：机动绞磨配备有各种安全装置，如过载保护、紧急停止按钮和故障报警系统，以保护操作人员和设备的安全。

辅助设备：根据绞磨的设计和用途，可能还包括液压泵、绞盘、滑轮组等辅助设备，以增强其功能和适应不同的作业需求。

机动绞磨的设计和结构使其能够提供比人力绞磨更大的牵引力

和更快的作业速度，适用于需要较大牵引力和长时间连续作业的场合，其使用场景包括以下几部分。

电力行业：机动绞磨在电力施工中发挥着重要作用。它主要用于电力线路的组立杆塔、机动放线以及紧线作业。由于机动绞磨不受电源限制，主要依靠柴油机或汽油机提供动力，因此在野外无电场所也能灵活使用。此外，机动绞磨在电缆布线时，可以通过牵引电缆穿线器进行布线，大大提高了工作效率。

建筑行业：在建筑领域，机动绞磨主要用于吊装及牵引重物，如混凝土、砖块、装修垃圾等材料的破碎处理。相较于传统的人工打磨和破碎方法，机动绞磨能够实现高效、精准的材料破碎和粉碎，加速建筑工程进度，并减少废弃物对环境的污染。

废旧物品处理：机动绞磨在废旧物品处理行业中也得到广泛的应用。例如，在废旧金属回收行业，机动绞磨可以打磨、绞碎废旧金属，使其更易于运输和加工。同样，建筑垃圾处理行业和农业废弃物回收行业也会使用机动绞磨来处理相关物料，将其转化为更有用的形态。

码头和物流：在码头和物流场所，机动绞磨常被用于吊运货物、建筑工具等重物，其强大的牵引作用使得货物搬运变得更加高效和便捷。

二、绞磨的使用注意事项

1. 人力绞磨的使用注意事项

（1）场地要平坦宽阔，绞杠有足够的回转余地。绞磨前面每一个导向滑轮应与统磨的磨芯中心在同一水平线。

（2）钢丝绳在磨芯上缠绕的剩余圈数不得少于 3 圈。

（3）绞磨要与地锚连接可靠，磨架不得倾斜或悬空，用人拉活手绳（跑头）的一端，切不能松手，否则，绞杠旋转就会发生伤人的危险。

（4）绞磨应装有制动器（自锁装置），起重中途需要暂停工作时，应使用制动器制住，绞杠不能离手，严防发生事故。

（5）松绳时，后尾拉活手绳的人不能只松绳，要用绞杠的反向旋转来协作，缓缓放出钢丝绳。

2. 机动绞磨的使用注意事项

（1）机动绞磨机组操作人员应懂得其性能和基本安全操作规程，严格按出厂说明书的规定使用，严禁超载使用。

（2）机组在安装前，必须进行外观检查，严禁使用变形、破损、有故障等不合格的机具。

（3）使用机动绞磨组杆立塔、放紧线和进行牵引或吊装时必须确保通信畅通，统一指挥，指令语言规范简练。

（4）操作人员在操作时必须精力集中，听从指挥，对指挥人员的指令不理解、不清晰的情况下，不得进行操作。

（5）操作人员应随时观察发动机、绞磨、磨绳和地锚的工作情况，发现异常情况时，应立即停止作业，向指挥人员报告。

（6）发动机启动前应先脱开离合器。

（7）离合器合上时动作应快，脱开时不宜用力过猛。

（8）作业前应对机动绞磨的受力情况进行预拉调整，保证整个绞磨系统各受力点受力均匀，受力方向正确，绞磨机组无歪斜、上扬，以及地锚（桩）钢丝绳等无异常后方可将其投入运行。

（9）操作时不得使用半联动的方式，在磨绳上还有拉力的时候，不得使用空挡人工溜放的方式松磨绳；只有当磨绳全部没有附着在磨芯上时，才能打开磨芯锁扣拆除磨绳。

（10）变速器变挡时必须脱开离合器，如遇变挡有卡阻时，可轻微合上离合器，变换齿轮位置再行变挡，严禁强行入挡。

（11）拉磨尾绳不应少于2人，且应位于锚桩后面、绳圈外侧，不得站在绳圈内。

(12) 机动绞磨在作业中应使用慢挡，不得在牵引绳受力时进行换挡转换。

(13) 磨绳在通过磨芯时，不得背股或相互缠绕；当出现背股或相互缠绕的情况时，必须停止工作，消除背股或相互缠绕的情况；故障未排除之前，不得强行牵引；绞磨在正常工作时，人员应离开绞磨磨芯处，避免人员手指和衣物被卷进磨芯。

(14) 当使用倒挡松绳时，必须注意磨绳进入卷筒的方向，注意不要被松回的磨绳缠住手脚。

(15) 机动绞磨受力时，前方不得有人，不得采用松尾绳的方法卸载。

(16) 严禁在机动绞磨受力的情况下清扫、擦拭、润滑和冷却机械的转动部分，严禁直接用手拨动手拉牵引绳位置。

(17) 用机动绞磨放紧线作业时，人员不得站在或跨在已受力的牵引绳、导线的内角侧和展放的导、地线圈以内及牵引绳或架空线的下方。

(18) 机动绞磨停止运转后，如存在负荷，必须拉紧尾绳保险，以防止各传动件永久变形。

模块 5 卷扬机

卷扬机也被称为绞车，是一种轻小型起重设备，它通过卷筒缠绕钢丝绳或链条来垂直提升、水平或倾斜拽引重物。卷扬机主要分为手动卷扬机、电动卷扬机以及液压卷扬机三种，本教材主要介绍手动卷扬机、电动卷扬机这两类常见品种。

卷扬机有较为广泛的应用。在建筑领域，它常被用于提升和运输钢筋、混凝土、砖块等材料；在水利领域，它用于水电站、泵站、堤坝、水闸等水利设施的建设和维护；在矿山领域，它用于矿石、矿石粉末、煤炭等物料的提升和输送；在港口领域，它用于货物装卸、集装箱吊装等作业；在物流领域，它用于仓库、工厂等场所的货物搬运、装卸等作业。

一、手动卷扬机

手动卷扬机也被称为手摇绞车，是一种利用人力作为动力，通过驱动装置使卷筒回转的起重工具，如图 3-11 所示。其主要工作原理是通过手动力量使手轮旋转，进而通过减速器和传动轴将力量传递到卷筒上，使卷筒旋转，从而完成绳索或钢丝绳的收放工作。

图 3-11　手动卷扬机

手动卷扬机具有结构简单、体积小、重量轻等优点，因此广泛应用于轻载物体的垂直或斜向提升工作。例如，在楼梯转角、屋顶等狭小的空间中，手动卷扬机常用于升降轻型工具、材料等物品；在舞台、影视制作、展览等场合，用来快速、可靠地完成上升和下降的动作。

手动卷扬机主要由以下几部分构成。

卷筒：这是手动卷扬机的核心部件，用于缠绕钢丝绳或链条。

当手轮被旋转时，卷筒也会随之转动，从而牵引或提升重物。

手轮：这是手动卷扬机的动力输入部件，通过人力旋转手轮，为卷扬机提供动力。

减速器：减速器位于手轮和卷筒之间，用于将手轮的高速旋转转化为卷筒的低速旋转，同时增加扭矩，使卷扬机能够牵引更重的物体。

轴承和轴：轴承用于支撑轴和减少摩擦，轴则连接手轮、减速器和卷筒，确保各部件之间的动力传递。

制动器：制动器用于控制卷扬机的运行和停止，保证重物在需要时能够稳定地停留在特定位置。

底座：底座为整个手动卷扬机提供稳定的支撑，确保其在工作时不会晃动或移动。

二、电动卷扬机

电动卷扬机是一种重要的起重设备，它利用电动机提供动力，通过减速器和传动机构驱动卷筒旋转，从而实现对钢丝绳或链条的收放，进而完成垂直或倾斜方向上的重物提升、牵引或运输任务，如图 3-12 所示。

图 3-12　电动卷扬机

电动卷扬机具有许多优点，如功率大、负载能力强、操作灵活方便、运行稳定可靠等。因此，它在工业、建筑、舞台、港口等多个领域得到了广泛的应用。在工业领域，电动卷扬机常用于生产线上的货物搬运、装卸和高空作业等操作；在建筑领域，它则用于建筑材料的吊装、混凝土输送和设备安装等任务；在舞台领域，电动卷扬机则负责舞台设备的升降和调整。

电动卷扬机主要由以下几部分构成。

电动机：作为电动卷扬机的动力源，它负责提供驱动力，使卷扬机能够正常工作。电动机通常通过链条或齿轮与减速器相连，将电能转换为机械能。

减速器：减速器的作用是将电动机的高速旋转转换为适合卷筒操作的较低速度，并在此过程中增大扭矩。它通常由齿轮组成，如螺旋伞齿轮或圆柱齿轮，这些齿轮在传动过程中不仅减速，还起到增大扭矩的作用。

卷筒：卷筒是电动卷扬机的核心部件，用于缠绕或解开钢丝绳或链条，以实现重物的提升、下降或牵引。卷筒通常由筒体、轴承和卷绳器等部分组成，设计精细，以确保其良好的工作性能。

制动器：制动器在电动卷扬机中起着至关重要的作用，它能够在需要时迅速并可靠地停止卷筒的旋转，从而确保重物能够稳定地停留在特定位置。制动器的设计通常要考虑到其快速响应和高效制动的需求。

控制系统：控制系统是电动卷扬机的“大脑”，它负责接收操作指令，控制电动机的启动、停止和速度调节，以及监控整个系统的运行状态。一个设计良好的控制系统能够确保电动卷扬机的平稳运行，并提高工作效率。

三、卷扬机的使用注意事项

1. 手动卷扬机的使用注意事项

在操作和维护手动卷扬机时，需要特别注意各部件的状态和性能，确保它们处于良好的工作状态。例如，在使用前，彻底检查卷扬机的所有部件，包括钢丝绳、链条、卷筒、手柄、齿轮、离合器和制动器等，确保它们完好无损且无磨损；定期检查轴承的润滑情况；更换磨损严重的部件；保持制动器的灵敏可靠；确保钢丝绳或链条不会在卷筒上缠绕不当，避免使用过程中的纠缠或扭曲。

2. 电动卷扬机的使用注意事项

（1）严禁操作人员违规操作。操作人员必须按照规程进行操作，严禁违规操作，如超速、超载、远离操作面板等。

（2）加强工地安全管理。在卷扬机工作期间，必须加强工地安全管理，如设置警示标志、限定工作区域、安装防护栏等，确保工人和设备的安全。

（3）定期维护保养。定期进行卷扬机的维护保养工作，如清洁、润滑、紧固零部件等，以确保设备处于良好的工作状态。

（4）不得随意拆卸设备。严禁操作人员随意拆卸卷扬机或调整设备的参数，以免损坏设备或影响工作效果。

（5）注意库存储物周围环境。卷扬机库存储物周围要保持整洁，避免有易燃、易爆物品存在，以免引起火灾或爆炸事故。

（6）不得超员操作。严禁超员操作卷扬机，只有熟悉操作规程和经过培训的人员才能操作卷扬机。

（7）注意钢丝绳磨损程度。定期检查钢丝绳的磨损程度，如发现磨损应及时更换，以免发生断裂事故。

（8）不得长时间连续工作。卷扬机不宜长时间连续工作，需要进行适当的休息和冷却，以保护设备。

（9）紧急情况下立即停机。在发生紧急情况时，如电源故障、设备损坏等，必须立即停机处理，以防止事故扩大。

卷扬机是一种危险性较高的设备，操作人员必须严格遵守操作规程和注意事项，正确使用设备，保障工作安全。同时，也要定期对设备进行维护保养和检查，确保设备的正常工作和可靠性。

第4单元 桥门式起重机安全操作

模块1　安全技术要求与作业要求

一、安全操作规程

要保证设备起重运输及吊装作业安全可靠地进行，确保无人身事故和设备事故，作业中必须严格按操作规程工作。

1. 安全操作基本准则

（1）依据《特种设备作业人员考核规则》（TSG Z6001—2019），桥式起重机司机、门式起重机司机及相应指挥人员需要取得特种设备作业人员证，未经考试合格的人员，不得单独进行起重作业；进入现场必须穿戴好安全防护用品。

（2）必须熟悉所用起重机械及工具的基本性能，作业前应认真检查使用的设备或工具是否良好，不完好的设备不能投入使用。

（3）严禁使用已报废的起重用具（起重工具及各种绳索）。

（4）根据物件的重量、体积、形状及种类，采用适当的起重吊运方法。吊运时，必须保持物件重心平稳，严格禁止用人身重量来平衡吊运物件，或站在物件上起吊，搬运大型物件必须有明确标志。

（5）在起吊各种物件前应进行试吊，确认可靠后方可正式吊运。

（6）使用千斤顶时，必须上下垫牢，随起随垫，随落随抽垫木。

（7）钢丝绳穿过通道应挂有明显标志；危险区域内禁止人员通过及停留。

（8）吊运重物时，尽可能不要使重物离地面太高；在任何情况下都禁止吊运的重物从人员头上越过，所有人员不准在重物下停留或行走；不得将重物长时间地悬吊在空中。

（9）吊运前应清理起吊地点及运行道路上的障碍物，提醒逗留人员避让，自己也应选择恰当的位置及随物护送的线路。

（10）工作中严禁用手直接校正已被重物张紧的绳子（如钢丝绳、链条等）；吊运中如发现捆缚松动或吊运工具出现异常，应立即停止操作并进行检查。

（11）翻转大型物件时应事先放好衬垫物，操作人员应站在重物倾斜方向的对面，严禁站在重物倾斜的一方。

（12）选用的钢丝绳或链条长度必须符合要求，钢丝绳或链条的分股面夹角不能超过 120°。

（13）如吊运物件有油污，应将捆绑处的油污擦净，以防滑动；锐边棱角应用软物衬垫，以防损坏或割断吊绳。

（14）吊运物件时，应将附在物件上的活动件固定或卸下，防止重心偏移或活动件滑下伤人。

（15）吊运成批零星物件时，必须使用专用吊篮、吊斗等工具，若同时吊运两件以上重物，要保持物件平稳，避免互相碰撞。

（16）卸下吊运物件时，要垫好衬木；不规则物件要加支撑，保持平稳；不得将重物压在电气线路和管道上面，或堵塞通道，物件堆放应整齐平稳。

（17）吊运大型设备或物件时，必须由两人操作，并由一人负责指挥；在卸到运输车辆上时，要观察重心是否平稳，确认松绑后不致倾倒时，才可松绑卸物。

（18）利用两台或两台以上起重机械同时起吊一件重物时，应在部门主要技术负责人指导下进行；起吊重量不得大于起重机允许总起重量的 75%，重量的分布不得超过起重机的额定负荷，且要保证两台起重机之间有一定的相隔距离，以免碰撞；操作时指挥要统一，动作要协调。

（19）如有其他人员协同挂钩工作时，应由起重挂钩工负责安全指挥和吊运，任何情况下都不得让他人代替挂钩重物。

（20）吊运开始前，必须提醒周围人员离开，挂钩工退到安全位置，然后发出起吊信号；物件起吊后，操作人员注意力应集中，随时注意周围情况，不可随意离开工作岗位。

（21）多人操作时，应由一人负责指挥；起重工应熟悉各种指挥信号，使用起重机械时应与司机密切配合，并严格执行起重机械“十不吊”的规定。

（22）在离地面 2 m 以上的高处作业时，应执行高空作业的安全操作规程。

（23）工作结束后，应清理作业场地，将所用工具擦净，做好维护保养工作，并注意保管。

2. 作业前的准备工作

起重机司机作业前应遵守交接班制度，做好交接班工作，进行安全检查、润滑保养及其他准备工作。

（1）安全检查

1）检查配电箱的总电源开关是否已切断，严禁带电检查。

2）检查操作系统的控制情况。合上总电源开关，接通电源，当按下启动按钮后，所有指示灯应全亮，信号铃应有响声；接触器的触头和接触器的触点接触应良好。

3）使用前应对起重机进行必要的安全检查。日常检查主要针对起重机的重要机电零部件，如检查吊钩、钢丝绳、滑轮、联轴器、各机构制动器、控制器、各电气设备的接线、各机构限位装置及各种安全开关动作是否灵敏可靠等。

4）进行空车试运转几次，查看大车有无啃轨现象；限位开关、行程开关是否灵活有效；制动器的工作是否灵敏；各机构有无异常声响。

5）了解电源供电是否有临时断电维修等情况，检查完起重机各机构、各机电零部件后，接班司机应将检查结果记录于交接手册中。

（2）润滑保养。交接班司机应按规定向各个润滑点上加注润滑油脂。润滑的原则：凡是有轴和孔、属于动配合部位以及有相对运动的接触面的机械部分，都要定期加油润滑。

（3）其他准备工作

1）司机应穿好绝缘鞋和工作服，工作室地面要求铺有橡胶板或木板等绝缘材料。

2）了解电源供电和是否有临时断电检修等情况，走台上存放的零配件开车前必须清走。

3）断开隔离开关，检查起重机各机构情况，各开关是否正常，制动器是否正常，各部位的固定螺栓是否松动，车上有无散放的各种物品。

4）在露天工作的门式起重机，应打开夹轨器或其他固定装置。

5）检查运行轨道上及轨道附近有无妨碍运行的物品。

6）在主开关接电之前，司机必须把所有控制器手柄扳至零挡，并将从司机室通向走台的门和各通路上的门关好。

7）车上应有灭火器。司机必须学会正确使用灭火器灭火，掌握一定的消防知识。

3. 作业中的注意事项

（1）在主开关接电之前，将所有控制器手柄扳至零挡，从司机室通向走台的门和各道路上的门必须关好。

需要注意的是，当电源断路器上加锁或者有告示牌时，应由其本人除掉后方可闭合主电源，必须在确认走台或轨道上无人时，才可以闭合主电源。

（2）每班第一次作业前，必须进行负荷试吊，即将额定载荷的重物提升离地面 0.5 m 的高度，然后下降以检查起升制动器工作的可靠性。

（3）在下列情况下，司机应发出警告信号：起重机启动后，即将开动前；接近同层其他起重机时；在起吊下降吊物时；吊物在吊运中接近地面工作人员时；在吊运通道上方吊物运行时；在吊运过程中，起重机设备发生故障。

（4）不准利用极限位置限制器及联锁开关等安全装置断电停机，不准用紧急开关代替普通开关。

（5）操纵电磁吸盘或抓斗起重机时，严禁任何人员在移动吊物下方工作或通过，应划出危险区并立警示牌，以引起人们重视。

（6）司机要做到“十不吊”：

1）指挥信号不明确或违章指挥不吊；

2）超载不吊；

3）工件或吊物捆绑不牢不吊；

4）吊物上有人或有浮置物不吊；

5）安全装置不齐全、不完好或有动作不灵敏、失效者不吊；

6）工件埋在地下，与地面建筑物或设备有钩挂不吊；

7）光线阴暗，视线不清不吊；

8）棱角物件无防护切割隔离保护措施不吊；

9）斜拉歪拽工件不吊；

10）浇包过满有洒落危险不吊。

（7）在开动任何机构控制器时，不允许猛烈迅速扳转手柄，应逐步推挡，确保起重机平稳启动运行。变换大、小车运动方向时，必须将手柄置于零挡，使机构完全停止运转后方能反向启动。当吊钩接近上升极限位置限位器，或大、小车临近终端及与相邻的起重机靠近时，速度应缓慢。

（8）起重机大、小车在正常作业中，严禁开反车制动停车。

（9）在操作中，司机只听专职指挥员的指令进行工作，但对任何人发出的停机信号必须立即执行，不得违反。

（10）作业时严禁有人上下起重机，不得在吊载作业中检修或调整制动器等装置。

（11）有主、副吊钩的起重机，应把不工作的吊钩开到接近上限位的高度。在主、副钩换用或两钩高度相近时，主、副钩必须单独作业，以免两钩相撞。不工作的吊钩不准悬挂其他吊具及吊物。

（12）有两个吊钩的起重机不准两钩同时吊挂两个物件。

（13）不准同时操作三个控制器手柄，即不能同时开动大、小车及起升机构。

（14）严禁吊运的货物从人头上方通过，应沿吊运安全通道移动。起重机由起吊位置到达吊运通道前的运行中，吊物应高出其越过地面最高设备 0.5 m 为宜。当吊物到达通道后，应降下吊物使其以离地面 0.5 m 的高度随车移运。在某些场合下，吊物必须通过地面作业人员所在的上空时，司机必须连续发出警铃信号，待地面人员安全躲开后，方可开车通过。

（15）在操作过程中，如发现异常现象或听到异常声音时，应将物体降落稳妥后，停机即刻检查，排除故障。遇到突然停电或电压下降，都必须将手柄放至零挡上，在起吊物体没有放下时，司机应通知地面人员离开，但司机不得离开岗位。

（16）当吊物到达指定的停放位置时，吊物必须对准指定位置后方可启动落钩。落钩下降吊物，可根据具体情况采取对控制器相应的操作方法，严禁快速下降，应平稳落地，待指挥人员发出吊物放置稳妥安全信号后，方可落绳脱钩。

4. 作业结束后应做到的事项

（1）应将吊钩升至接近上极限位置的高度，不准吊挂吊具、吊物等。

（2）电磁吸盘和抓斗起重机应将吸盘或抓斗放在地面上，不得在空中悬吊。

（3）将起重小车停放在主梁远离大车滑触线的一端，不得置于跨中部位，大车应开到固定停放位置。

（4）所有控制器手柄应回零挡，将紧急开关置于断路状态，拉下保护柜刀开关，关闭司机室门后下车。

（5）露天工作的起重机应采取措施固定牢靠，以防被大风吹跑。

（6）起重机司机在下班时应对起重机进行检查，将工作中发生的问题及检查情况记录在交接记录本中，并交给接班司机。

二、维护保养制度

1. 日常保养

起重机的日常保养也称为例行保养，是指为确保起重机正常运行和操作安全而进行的基础性维护工作。这项保养通常是周期性的，需要每天或每次使用后进行，由起重机的操作人员负责执行，其目的是及时发现并解决小问题，防止它们发展成更大的故障。日常保养的主要内容包括：

（1）清洁工作。清扫起重机的司机室、机身表面的灰尘和油污，保持设备清洁，便于检查和操作。

（2）润滑检查。检查并补充润滑油和润滑脂，确保所有需要润滑的部位得到适当的润滑，以减少磨损。

（3）紧固件检查。检查螺栓、螺母、铆钉等紧固件是否有松动现象，并进行必要的紧固。

（4）钢丝绳检查。检查钢丝绳是否有断丝、磨损、扭结或其他损伤，并确保钢丝绳的润滑和张紧度符合要求。

（5）制动器和离合器检查。检查制动器和离合器的工作状况，确保它们的响应迅速、有效且无异常噪声。

（6）安全装置检查。检查安全装置，如限位开关、紧急停止按钮等是否正常工作。

（7）电气系统检查。检查电气系统的连接是否牢固，电缆和电线是否有损伤，以及所有电气元件是否正常工作。

（8）操作性能检查。确认起重机的操作控制系统是否正常，包括控制器、接触器和继电器等。

（9）记录和报告。记录日常保养的执行情况，包括检查的项目、发现的问题以及采取的措施，为后续的维护工作提供参考。

通过执行日常保养，操作人员能够保持起重机的良好工作状态，提高工作效率，同时有助于预防事故的发生，确保操作人员和设备的安全。

2. 一级保养

一级保养是指对起重机进行的基础性定期维护工作，通常包括对机械部件、液压系统、电气系统和安全保护装置的全面检查和维护。这项保养工作是确保起重机正常运行和延长使用寿命的重要环节，旨在及时发现并解决潜在的问题，防止小问题演变成大故障，确保作业的安全性和效率。一级保养的主要内容包括但不限于以下几个方面：

（1）机械部件的检查与维护。检查起重机的金属结构、主要受力部件、连接件等是否有裂纹、变形、磨损或其他损伤，并进行必要的紧固、润滑或更换。

（2）液压系统的检查。对液压油的油位、油质进行检查，确保液压系统无泄漏，并对液压泵、阀门等关键部件进行必要的维护。

（3）电气系统的检查与维护。检查电气元件、接线、绝缘层等是否正常，确保电气保护装置（如过流、过压、欠压保护等）可靠有效。

（4）安全保护装置的检查。对制动器、限位器、防护装置等安全装置进行测试，确保其动作准确、可靠，以保障操作安全。

（5）润滑系统的维护。根据使用说明书的要求，对各润滑点进行检查和润滑，确保润滑油清洁且无变质，油量充足。

（6）清洁工作。清扫起重机的司机室、机身表面的灰尘和油污，保持设备清洁，便于检查和操作。

一级保养通常由操作工人负责执行，维修工人提供必要的配合和技术支持。保养的周期根据起重机的使用频率、工作环境和制造商的建议来确定，但至少每年进行一次。

3. 二级保养

起重机的二级保养是指比一级保养更为深入和全面的定期维护工作。它通常涉及对起重机的关键部件和系统进行详细检查、调整和更换，以确保设备的性能和安全性。二级保养的目的是进一步预防潜在的故障和性能下降，同时是对一级保养的补充和加强。二级保养的主要内容包括但不限于以下几个方面：

（1）关键部件的拆卸检查。对起重机的主要部件，如减速器、联轴器、制动器等进行拆卸检查，对磨损严重的部件进行更换或修复。

（2）电气系统的深度检查。对电气控制系统进行全面检查，包括电动机、电缆、控制柜、接触器等，确保所有电气连接良好，无腐蚀或损坏现象。

（3）液压和气动系统的维护。对液压缸、油泵、阀门等进行清洗和更换，确保液压油清洁、无污染，并对气动系统进行检查和维护。

（4）钢丝绳和吊具的检查。对钢丝绳进行全面检查，包括绳索的磨损、断丝、腐蚀等情况，并进行必要的润滑或更换，同时检查吊具的完整性和可靠性。

（5）安全装置的测试和校准。对起重机的安全装置（如限位器、超载保护、紧急停止开关等）进行测试和校准，确保其功能正常。

（6）机械结构的调整。对起重机的机械结构进行必要的调整，包括对轨道、轮轴、滑轮等的对准和平衡调整。

（7）润滑系统的检查。对润滑系统进行全面检查，确保所有润滑点都能得到充分的润滑。

（8）维护记录和报告。完成保养后，详细记录保养过程中发现的问题、采取的措施、更换的零件等并编制维护报告，为下一次保养提供参考。

二级保养通常由专业的维修人员执行，操作工人提供必要的配合。保养的周期通常根据设备的使用情况和制造商的建议来确定，一般建议每半年或每年进行一次。通过执行二级保养，可以有效延长起重机的使用寿命，提高工作效率，并确保操作人员的安全。

4. 重大修理

起重机械重大修理是指对起重机械进行的一系列维修，包括拆卸或更换原有的主要受力结构件、主要配置、控制系统等，但不会改变起重机械的原性能参数与技术指标。重大修理的目的是保证或恢复起重机械的安全性能和工作效率，确保其能够安全、可靠地继续使用。

起重机械的修理（含重大修理，下同）应当符合《起重机械安全技术规程》（TSG 51—2023）的相关要求：

（1）修理单位应当取得相应的特种设备生产许可证，方可在许可范围内从事起重机械的修理活动。

（2）修理单位应当对修理作业的起重机械质量和安全性能负责。

（3）修理作业过程中涉及的起重机指挥、起重机司机、焊接人员等特种设备作业人员，应当持证上岗。

(4) 修理单位在修理前应当检查修理条件及环境，确保其符合修理要求，并且配备充分的防护措施。

(5) 修理单位在重大修理前应当向设备所在地的特种设备安全监督管理部门办理修理告知。

(6) 修理单位在进行重大修理活动时，应当制定重大修理方案，内容至少包括概况、责任部门和职责权限、人员配备和分工、修理程序、重大修理工艺、控制点、具体措施和要求、危险源辨识、风险评估等。

(7) 修理单位应当编制重大修理检验作业指导书，检验项目和要求不得少于本规程规定的监督检验的项目和要求。

(8) 修理人员应当按照重大修理方案进行修理作业。

(9) 重大修理单位应当按照相应的检验作业指导书进行自行检验，并且记录。

(10) 修理单位应当在设备检验完成后 30 日内并且在设备办理使用登记前，将有关安装和重大修理档案移交给使用单位。

总之，起重机械的重大修理是一个要求严格的技术过程，需要遵守相关法规和标准，通过专业的施工和检验机构来确保修理工作的安全和质量。

模块 2　基本操作方法

一、绑扎起吊的基本操作方法

1. 设备和构件重心的估测

在对设备进行捆绑时要合理地选择捆绑点，即要找到设备或重物的重心位置。任何物体都要受到地球的引力作用，物体内部的各点都受到重力的作用，各点重力的合成就是物体的重量，合力的作用点就是物体的重心。在起重吊装作业中，经常要考虑到物体的重心，比如：设备的起吊、翻转、吊点位置和吊装索具的受力分配都要根据物体的重心来布置。如果没有考虑物体的重心位置，吊点位置选择不当，在起吊作业过程中容易发生物体倾斜、吊索滑脱、钢丝绳断裂或重物坠落的危险。

形状规则重物的重心是显而易见的，通常重心位置就是形心位置。对于形状比较规则的重物，其重心位置可以通过组合形状的每一部分重心位置，采用计算的方法得到。

对于不规则形状的物体，通常采用估测法找重心。以下是估测几种常见机械设备或物件类别重心的方法。

（1）车床类。车床的主轴箱侧偏重，因为电动机、变速箱、卡盘都在这一侧，所以车床类机械设备的重心是靠近主轴箱的地方。

（2）机泵类。常见的机泵类机械设备为电动机驱动，可以从电动机铭牌上查得电动机重量，与机泵总重量比较，若电动机重量所占比例较大，证明电动机较重，重心是靠近电动机的地方。若电动机重量所占比例较小，说明电动机较轻，重心是靠近泵体的地方。

（3）卷扬机。卷扬机的重心一般靠近电动机和减速机。但有钢丝绳时，有可能重量分布比较对称，需要估测卷筒上钢丝绳的重量，才能准确估测出整个卷扬机的重心位置。

（4）空压机。常用空压机有电动机驱动和柴油机驱动，功率比较大时，重量比较大，所以空压机类机械设备的重心靠近驱动机。

（5）机车类。通常在施工现场使用的机车是柴油机或汽油机驱动，所以发动机功率比较大时，重量也比较大，一般重心位置是在靠近发动机一侧。若机车带有配重或其他结构，可以先估测出配重或其他结构的重量和重心，然后才能估测出机车整体的重心位置。

（6）工具房。在施工现场常见装工具的工具房，一般用钢板和型钢（钢管）制成，也有标准集装箱，它的重量分布通常在进门的门口两侧比较集中和进门的最里面比较集中，必要时应先确定工具房内的重量分布情况。

2. 吊点位置的选择

吊点位置选择的基本原则如下。

（1）有吊耳或吊环构件的吊点采用原设计的吊点。

（2）塔类设备吊装时，吊耳宜设置在设备重心上 1~2 m 处对称两侧。

（3）吊运设备或物体时没有规定吊点，要使吊点或吊点连线与重心铅垂线的交点在重心之上，捆绑点要根据构件的形状具体选择。

（4）匀质细长杆件（如圆木、电杆、桩等）的吊点位置按以下规定确定：

1）单吊点时，吊点的位置拟在距起吊端的 0.3 L（L 为杆件长度）处，如图 4-1 所示。

2）双吊点时，吊点分别距杆件两端的 0.2 L 处，如图 4-2 所示。

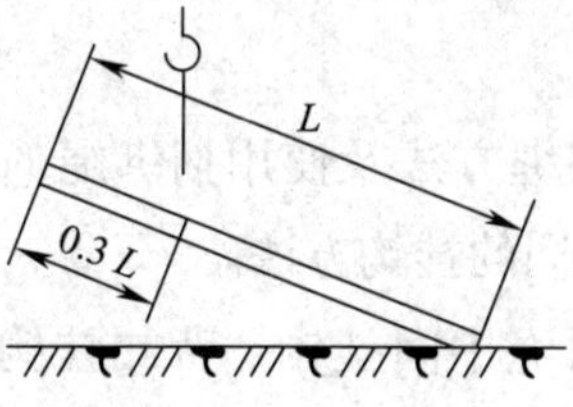

图 4-1　单吊点

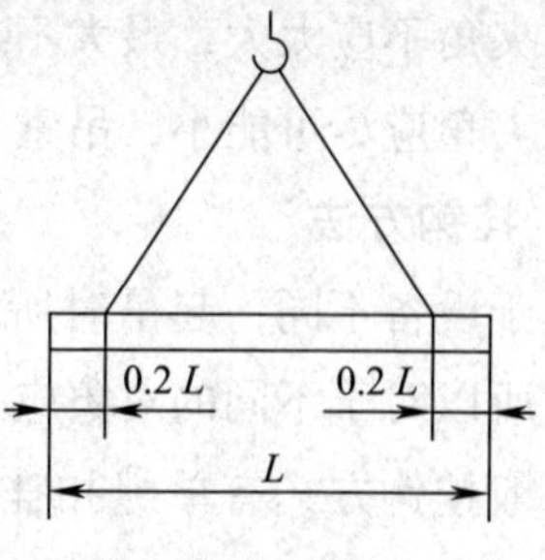

图 4-2　双吊点

3）三个吊点时，两端的两个吊点距各端的距离为 0.13 L，中间的一个吊点位置在杆件的中心，如图 4-3 所示。

4）四个吊点时，两端的两个吊点距各端的距离为 0. 095 *L*，将两吊点间的距离分成三等份，即可得到中间两个吊点位置。中间吊点的距离为 0. 27 *L*，如图 4-4 所示。

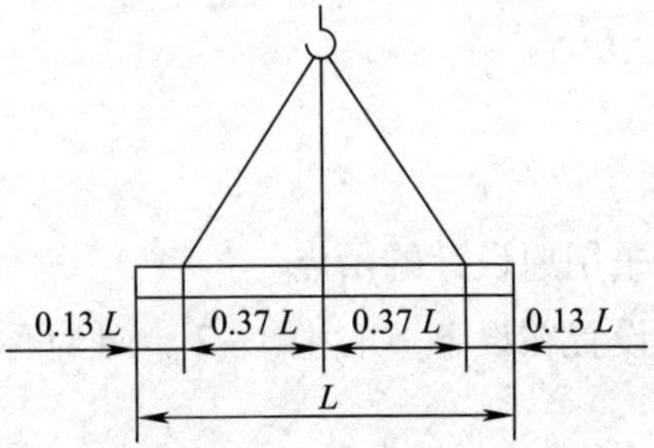

图 4-3　三个吊点

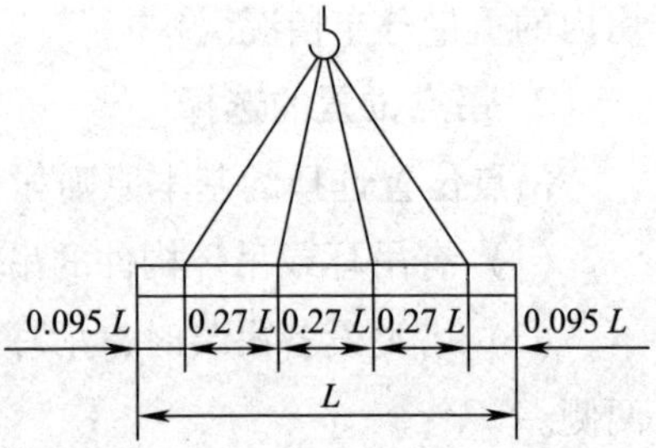

图 4-4　四个吊点

（5）吊方形物体时，若用 4 根绳索绑扎，则 4 根绳索的位置应在重心的四边。

（6）用单钩两点起吊一般机械设备或物件时，吊钩的垂线应通过设备的中心；两吊点的位置应在设备重心的两侧。当采用双钩同时起吊一台设备或物件时，两吊钩的垂线在设备重心的两侧，吊钩承受的重量与吊钩至设备重心间的距离成反比。需要注意的是吊索之间的夹角不应太大，最大不超过 90°；对于精密及易变形设备，吊索间的夹角应尽可能小，吊索与设备表面间应加衬垫物。

3. 挂钩方法

由于设备不同，起吊时所用的捆绑方法及使用捆绑绳的数量也不同，所以对于不同的对象应采用不同的挂钩方法。

一般挂钩方式有单绳扣挂钩、对绳中间挂钩、背扣挂钩、压绳挂钩、单绳多点起吊往复挂钩等。挂钩时要注意吊件的中心位置和各股绑绳是否受力均匀。吊件在惯性力和其他外力作用下，绳索不应发生位移和相互挤压等现象。一般的吊索挂钩方法如图 4-5 所示。

如图 4-5a 所示为使用一根长吊索起吊时的挂钩情况，吊索应在吊钩上交叉压住，以免起吊时吊索在吊钩上滑动。如图 4-5b 所示为一种错误的挂钩方法。起吊时，由于设备的偏重或在吊运过程中重物的晃动，会使吊索在吊钩上滑动，使设备在吊起时发生倾斜。如图 4-5c 及图 4-5d 所示为用一根吊索捆绑设备的情况，吊索中间在吊钩上绕一圈后压住。如图 4-5e 所示为用一根吊索捆绑设备将绳扣挂在吊钩上的情况。如图 4-5f 所示为用两根吊索捆绑设备后将绳扣挂在吊钩上的情况。如图 4-5g 所示为将两根吊索的两个绳扣挂在吊钩上的情况，吊索中间在吊钩上绕一圈。

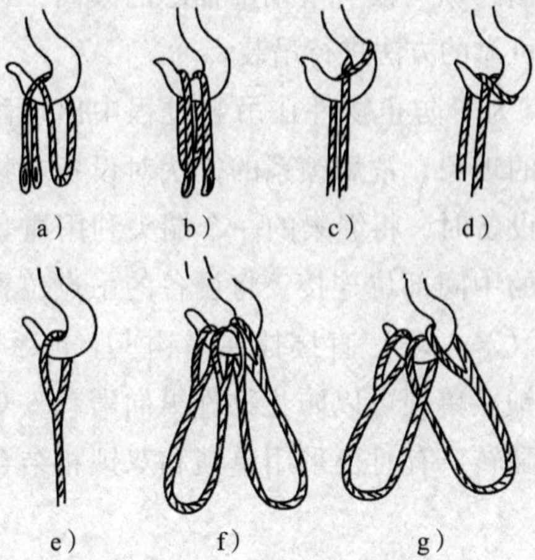

图 4-5　吊索挂钩示意图

a）交叉压住　b）错误　c）、d）绕一圈后交叉压住　e）、f）、g）绳扣挂钩

4. 设备和构件的绑扎方法

在选择设备的绑扎方法时，首先要核实设备的结构、重量、重心位置等情况，重心是设备重量的中心，准确确认重心位置比较关键。当使用一根绳索起吊设备时，绳索的绑扎（吊点）必然是在重心位置的上方并且成一条直线，此时起吊是稳定的。如果起吊偏离

重心位置时，设备就会倾斜、翻转或坠落。当使用两根或两根以上绳索起吊设备时，绳索的绑扎点（吊点）的合力点（吊钩）必然会与重心位置成一条线，此时起吊是稳定的。

（1）常用的设备绑扎方法

1）兜挂法。兜挂法绑扎设备是水平吊装一般设备的最常用绑扎方法。兜挂法绑扎设备时，将绳索的中间部位直接兜挂在设备的吊点位置，通常是设备的底部，绳索的两端绳套（鼻、环）直接挂在吊钩上。使用兜挂法对设备进行吊装时，设备的吊点位置至少有两个以上，且分布在设备重心位置的两边，设备本身没有横向的偏重、倾斜或翻转的倾向，纵向没有滑动、抽芯的倾向，否则应改用锁系方法或其他更加可靠的方法进行吊装。

2）锁系法。为了防止物件在吊装过程中出现翻转、滑动、滚动、倾斜或坠落的现象，常用锁系的方法对设备或物件进行绑扎吊装。锁系法绑扎设备时，将绳索的一个端头利用绳套（鼻、环）或用卸扣，与绳索的中间部位连接，将设备的吊点位置捆锁，并将绳索的另一端绳套（鼻、环）直接挂在吊钩上。锁系法绑扎设备时，可以用单锁或双锁。单锁可以防止物件纵向滑动，双锁可以防止物件偏重、倾斜或翻转，有时也采用单锁和双锁相结合的方法进行绑扎吊装。

3）捆绑法。在吊装立式设备没有吊耳的情况时，常采用捆绑法对立式设备进行绑扎吊装。在使用捆绑法吊装时，首先在设备的捆绑绳索处衬垫好防止绳索滑动的木板或橡胶板，然后用一根绳索在设备上缠绕捆绑紧固并卡好绳头。单吊点时，捆绑绳索至少两圈以上；双吊点及以上时，捆绳索为分别各自捆绑，每个吊点捆绑绳索至少两圈以上。最后再将吊装绳扣与捆绑绳索中一部分连接，在起吊过程中，吊装绳扣拉紧捆绑绳索中的一部分，另一部分捆绑绳索紧紧地捆绑在设备上。常用“捆五、吊二、丢三”的捆绑法吊装，即捆绑绳索五圈，吊装绳扣挂两圈，剩余三圈捆绑在设备上。

（2）设备绑扎的要求。常用的设备绑扎方法和要求主要有以下几个方面：

1）根据设备的结构、重量、重心位置等情况，合理选用吊索具，正确选取吊点或绑点位置，并应优先选用设备原（指定）吊点。

2）起吊设备时使用的绳扣或绑绳应符合安全系数的要求，卸扣或其他吊具必须满足起吊重量的需要，尽可能利用卸扣或其他专用吊具与设备吊点连接。

3）对设备的受力部位进行核算，对设备不能承受绳扣挤压的薄弱易变形的部位采取加强措施，对工件的棱角与绳扣接触处，应加垫方木和半圆钢管，以免损坏绳扣。

4）装卸设备时应采取溜绳溜住重物，不得用手推扶设备和与设备接触的钢丝绳，以防止钢丝绳滚动挤夹手指。

5）装卸设备放在地面或车厢板上时，下面应垫上方木，以便于抽出绳扣，方木应垫实，以防止设备倾倒。

6）利用设备本身的开孔（如管口等）作为受力点进行吊装时，应对受力部位进行核算，必要时应采取保护措施。

7）设备用捆扎或其他兜系的方法吊装时，应做到绳扣出头位置合理，保证起吊过程中绳扣受力均匀。

8）设备用捆扎法吊装时，为防止压伤或擦伤工件，可在系绳处整齐地缠以用坚硬的垫木连成的护带，以分散绳扣对设备的压力，并增加其间的摩擦力。

9）平卧设备吊装时，捆扎吊点不得少于两点，设备外悬长度约为设备长度的 1/5，必要时通过计算确定。

10）起吊易翻转、滚动、滑动的设备或吊装有一定高度的设备时，钢丝绳绳扣的捆扎方法应当采用捆绑或锁系法，不得采用兜挂的方法，以防止设备倾斜、翻转或坠落。

5. 设备的绑扎起吊

在常见的吊装作业中，经常遇到的吊装重物一般包括设备和构件两类，这两类物体的吊装方法各有不同。因此，在学习吊装方法前应掌握两者的定义和区别，明确吊装重物是设备还是构件。

设备是指在工业企业中可供长期使用，并在使用过程中基本保持原有实物形态的物质资料的总称。物质技术装备、设施、装置、仪器、试验和检验机具等均可称为设备。

在工厂企业中，起重工所遇到的重物种类繁多，形状各异，捆绑起吊的方法也各不相同，应按重物的具体情况采用适当的捆绑起吊方法。

（1）卧式车床的捆绑起吊。车床的捆绑一般用一根吊索，也可用两根吊索，但使用两根吊索捆绑起吊时，用吊索的长短来调整重心较困难，捆绑的方法也因车床的不同而不同。步骤如下：

1）核实总质量。可以通过车床铭牌找到总质量，也可以通过分别吊两端，测算出总质量。

2）确定重心位置。通过估测主轴箱重量大概占总重量的比例，估计重心位置。

3）选择合适吊点位置。一般车床吊装的吊点位置在床身上选择，可以捆绑在主轴箱、卡盘、支座、电动机支架部位。卧式车床吊点一端在底座处，一端在床身处。

4）在捆绑起吊前应将车床上的活动件如尾架、中心架等固定或拆除，使车床的活动件在吊运过程中不产生滑动。

5）比较小的车床可将一根吊索穿过床身的撑筋单点并系结起吊。起吊时其重心可通过调整拖板的位置来确定。将一根吊索穿过床身底座后的两点起吊或者将吊索的一头套在床头箱外侧面的下部，将吊索的另一头穿在床身的撑筋上，用一根长吊索进行捆绑挂钩。

（2）车床部件及床身的捆绑起吊。在装配或维修车床过程中，需要将车床上较大、较重的部件吊装或拆下。

床身的捆绑起吊：床身可用一根较长的吊索，也可用两根吊索捆绑起吊。用一根吊索捆绑时，吊索穿过撑筋两点捆绑后挂在吊钩上。重心的找正可通过吊索在撑筋上系结点位置的调整来解决。

主轴箱的捆绑起吊：在车床的装配和维修中，主轴箱一般要经过几次吊装。主轴箱的捆绑可利用主轴箱前后端面上凸出的法兰及主轴头部的法兰作为吊索的支点，捆绑时将吊索绕在法兰下。

(3) 立式钻床的捆绑起吊。在立式钻床的立柱上一般留有起吊孔，捆绑时在起吊孔内穿入一根圆钢，将吊索套在圆钢上。用一根较长的吊索捆绑的步骤如下：

1）将吊索对折后的中间部分挂在吊钩上。

2）将吊索的两端套在或穿在立钻立柱上的圆钢两端。

3）吊钩微微上升，逐步将吊索拉紧；在吊索将要收紧时，调整吊索两边的长度，使之等长，然后继续起吊，密切注意吊索的吊挂情况。当符合要求后，才能正式起升吊钩；在起升时如发现歪斜，应立即放下钻床，继续调整吊索。

当采用以上方法捆绑吊索不够长时，则可将吊索的中间部分在吊钩上绕一圈，将吊索的两个头套在圆钢上。或者将吊索的一个头套在吊钩上，其中间部分在吊钩上绕一圈，将吊索与另一个头套在圆钢上。

(4) 龙门刨工作台的捆绑起吊。龙门刨工作台外形较规则，在车间内一般用桥式起重机起吊。龙门刨工作台的捆绑有两种形式，可由工作台的结构而定。

1）在工作台侧面的通孔穿吊索进行起吊。在设计龙门刨工作台时，为减少其自重，在工作台的侧面铸有腰圆形的通孔，捆绑时可在工作台两端适当位置穿吊索，采用两点起吊。

2）利用工作台上的 T 形槽捆绑起吊。在工作台的台面上都有 T

形槽，用来固定加工件，利用这些 T 形槽固定压板，将吊索套在压板上进行起吊。

在机械加工或维修过程中，有时需要将工作台翻转。工作台翻转时可利用工作台侧面的通孔穿挂吊索，具体步骤如下：

1）把工作台平放在枕木上。

2）把吊索从工作台侧面的通孔中穿入。

3）挂钩起吊，在工作台逐渐升起的同时，起重机作水平移动，直至工作台为垂直位置。

4）起重机继续水平移动，并用人力推动工作台，同时吊钩逐渐下落使工作台侧向另一方向。

5）起重机吊钩下落，同时起重机继续作水平移动，直至工作台全部落在枕木上。

6. 构件的绑扎起吊

构件有别于设备，目前尚无准确定义，一般来讲，一个有机整体的一部分具有一定功能的部件均可称为构件。常见的构件包括建筑构件、设备构件、装饰构件。以下主要介绍车间内常见设备构件的绑扎起吊。

（1）轴类零件的捆绑起吊。在机械设备的维修或安装中，轴类零件一般有水平和垂直吊装两种情况。

水平吊装时一般使用一根或两根吊索两点起吊，用一根吊索起吊如图 4-6a 所示；用两根等长吊索捆绑起吊的特点是方便、简单，使用较多，如图 4-6b 所示。当用一根吊索捆绑起吊时，没有前者方便，起吊时需要调整吊索的长度，使零件处在水平位置。在缺少两根等长吊索时，也可使用两根不等长吊索捆绑起吊，其捆绑情况如图 4-6c 所示。有时因安装要求，只能采用一个吊点捆绑起吊，且吊点不一定在零件的重心位置上，吊装时需用人力来平衡零件。

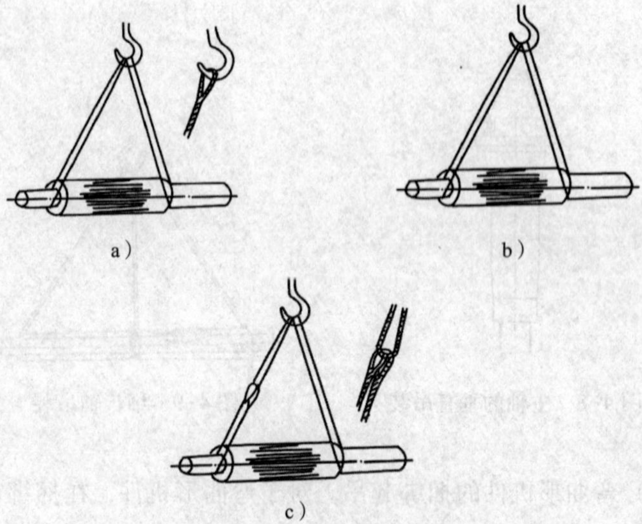

图 4-6　轴类水平吊装

a）单根吊索　b）两根等长吊索　c）两根不等长吊索

如图 4-7 所示为车床主轴吊装时的情况，这种起吊方法只适用于重量不大的轴类零件。

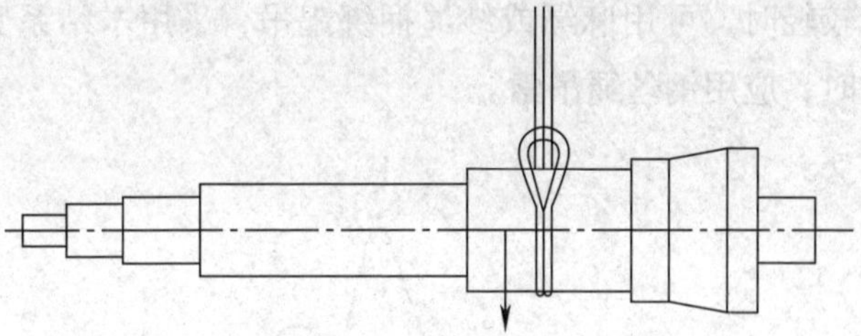

图 4-7　车床主轴吊装

在某些情况下，一些轴类零件也采用垂直起吊的方法。这些轴类零件一般设置了吊装工艺用孔，可用吊环将零件与吊索连接在一起，如图 4-8 所示为主轴的垂直起吊情况。对于一些较长的轴类零件，为了防止在吊装中产生变形，可在中间增加一个辅助吊点，如图 4-9

所示。

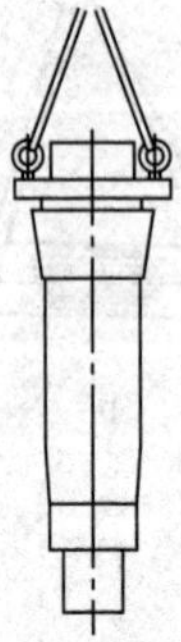

图4-8　主轴的垂直吊装

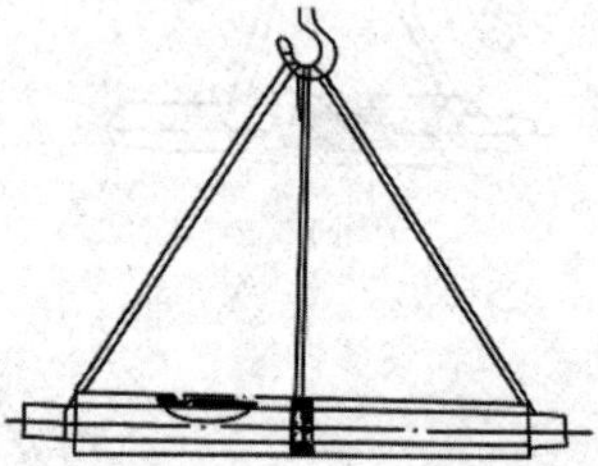

图4-9　细长轴吊装

（2）弯曲形机件的捆绑起吊。对于弯曲形机件，在捆绑前应根据机件的形状和结构特点进行分析，估测机件的重心位置，然后选择捆绑点进行捆绑。在正式起吊前应进行试吊，如达不到要求，则应放下机件，重新调整捆绑点的位置，直至达到要求为止。直角弯管垂直起吊时的捆绑方式如图4-10所示。水平管部分的绳结应在管子的上侧母线上方，垂直管部分的绳结在管子的左侧母线上。当管子的重量较轻时，可用麻绳或纱绳捆绑起吊，采用木结系紧；管子重量较重时，应用钢丝绳吊索。

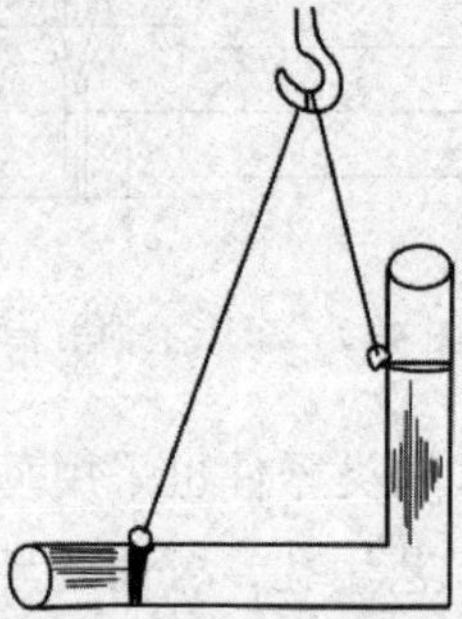

图4-10　直角弯管的垂直起吊

用一根吊索捆绑时，使用卸扣连接，其连接情况如图 4-11 所示。起吊前应先将绳结收紧，以免绳结在管子上滑动。连接方法如下：将吊索绳端在管子上绕一圈，将吊索嵌入卸扣本体内，把横销穿入吊索的绳扣中，然后拧紧横销。

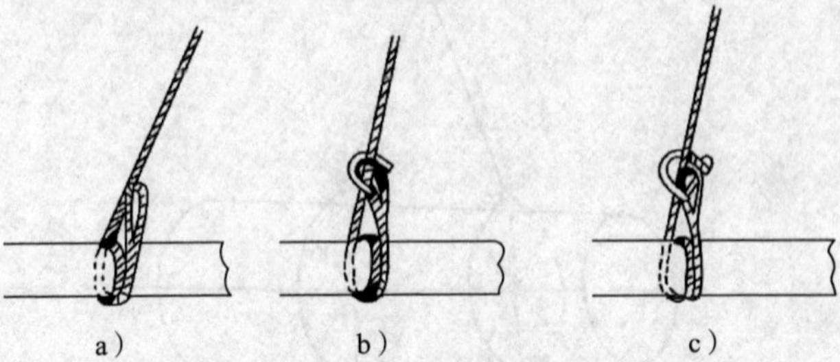

图 4-11　用卸扣连接吊索

a）缠绕吊索　b）嵌入卸扣　c）穿入横销

当直角弯管需要水平起吊时，应采取如图 4-12 所示的捆绑方法起吊。为保证弯管起吊时的水平状态，宜选择三个吊点捆绑，其中两个吊点在直角弯管的两端，另一个吊点在弯曲部分，调整吊点的位置及吊索的长度，使直角弯管处于水平位置。吊索可采用两根，其中一根系在弯曲部分，另外两个吊点共用一根吊索，用卸扣连接。起吊前必须把绳结收紧，防止在起吊弯管过程中绳结发生滑移。

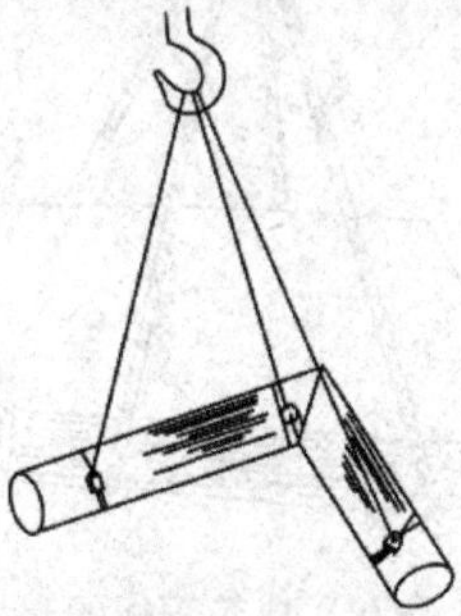

图 4-12　直角弯管的水平起吊

（3）薄壁管件的捆绑起吊。由于薄壁管件刚性较差，起吊时易产生变形，特别是一些较长的通风管道。因此，捆绑时应在捆绑处做临时加固，如图 4-13 所示。

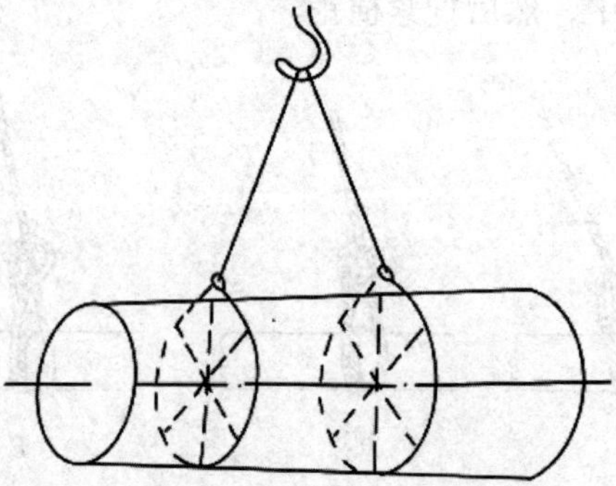

图 4-13　薄壁管件临时加固起吊

（4）钢板的捆绑起吊。钢板在出厂时一般包装成箱或卷成一卷（薄钢板）。成箱的钢板的捆绑起吊方法如图 4-14 所示；成卷钢板的捆绑起吊如图 4-15 所示，在卷中穿入一根钢管或圆钢，吊索套在钢管上挂钩起吊。

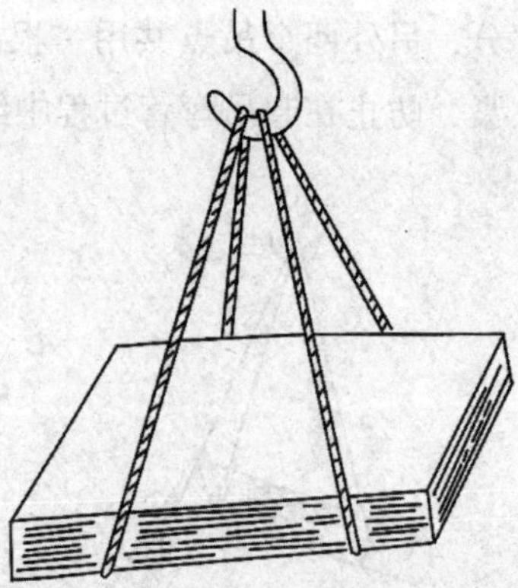

图 4-14　成箱钢板的起吊

图 4-15　钢卷的起吊

单张钢板起吊或钢板数量较少时，一般采用专用吊具，如图 4-16 所示。在起吊时，用吊具自动地把钢板夹紧。

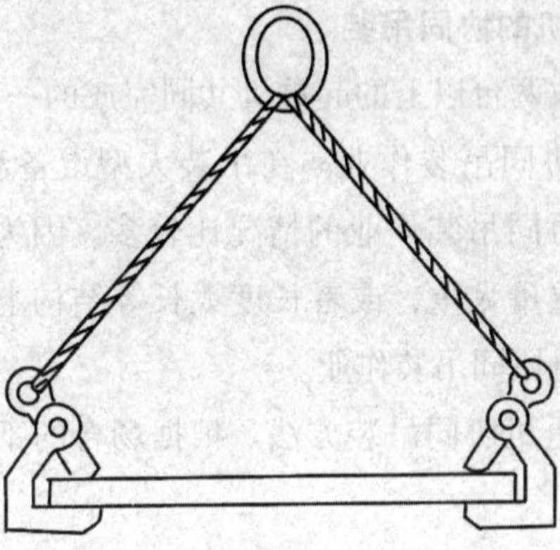

图 4-16　利用专用吊具起吊

（5）圆桶形物件的捆绑起吊。圆桶形物件可以用抬缸结捆绑起吊，如采用专用吊索或吊具，起吊圆桶形物件时则方便简单，速度快，如图 4-17 所示。

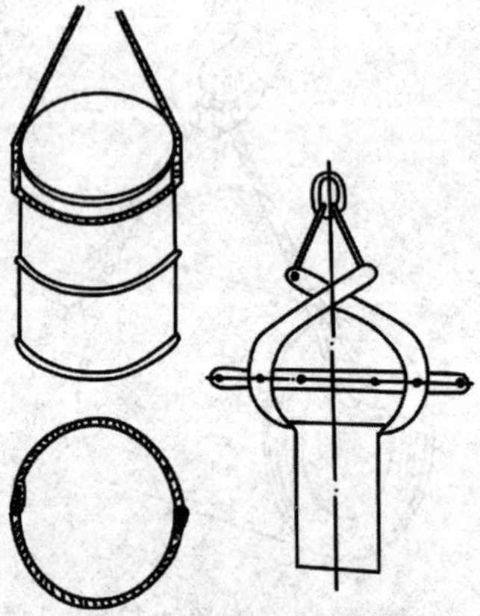

a）　　　　　b）

图 4-17　圆桶形物件的起吊

a）用专用吊索起吊圆桶形物件　b）用专用吊具起吊圆桶形物件

7. 多台起重机的协同吊装

凡使用两台或两台以上的起重机共同完成的一项起重吊装作业，称为多台起重机协同吊装作业。在吊装大型设备和构件等物件时，采用多台起重机协同吊装作业的情况比较多。因为这些物件的体积往往太大，或者重量太重，或者长度太长等结构上的原因，所以必须采用多台起重机协同吊装作业。

（1）多台起重机协同吊装方法。根据场合的不同吊装方法一般有以下几种：

1）厂房、库房内多台起重机协同吊装。一般有两台桥式起重机抬吊、桥式起重机与移动式起重机抬吊、桥式起重机与滑轮组或起重葫芦抬吊，以及移动式起重机与小型桅杆或滑轮组或起重葫芦抬吊、无桥式起重机等形式。

2）固定场地内多台起重机协同吊装。一般利用两台门式起重机抬吊、门式起重机与移动式起重机抬吊、其他多台提升或顶升起重机协同作业或与其他起重机配合作业。

3）吊装现场多台起重机协同吊装。包括移动式起重机或其他起重机装卸作业或水平抬吊、双移动式起重机吊装立式设备抬吊、移动式起重机吊装立式设备，以及起重机送尾抬吊、利用建筑构件设置起重机具与移动式起重机抬吊或多台、多类型起重机共同吊装设备抬吊。

（2）多台起重机协同吊装的注意事项。由于多台起重机协同吊装作业，所选择的起重机类型、结构、性能等不一定相同，有时会相差得很多。操作起重机人员的动作也不可能完全一致。因此，多台起重机协同吊装作业时，应注意以下几点：

1）统一指挥，步调一致。指挥者命令清楚，信号响亮。操作起重机的人必须服从统一指挥，精力集中，动作尽量保持一致。

2）选择起重机承载能力时，留有余量。例如，双机抬吊时，每台起重机允许承载能力是额定承载能力的 75%。

3）在选择起重机具的容绳量和起升速度时，尽量使用相同类型的机具，并且需要调整预拉力，使每台起重机具受力均匀平衡。

4）用电子测力仪或拉力表等装置，直接观测显示索具的受力状况，将对吊装作业起很大作用。

5）在被吊设备上设置重锤式指示器，用经纬仪或其他观测手段，可以直接反映整体平衡情况，给协调平衡的指挥者提供可靠的控制依据。

6）选用平衡梁或平衡轮等吊装专用索具，可以达到多台起重机自平衡吊装作业状态。

7）在穿挂滑轮组等吊装索具时，采用串联穿挂方法，可以达到自平衡吊装作业状态。

8）若选用卷扬机等起重机具时，可以采用集中控制方法，对平衡吊装作业会起很大作用。

9）多台起重机吊装时，应尽量保持垂直吊装作业状态。双机抬吊细高设备时，设备的轴线与垂直线最大不宜超过 3°。

二、桥门式起重机基本操作方法

1. 操作前准备

一般送电的总电源箱放在地面，当电源开关合上后，司机室内控制箱上电源指示灯亮。此时，应把所有的电气连锁闭合，如司机室、走台门等应关上，并合上启动开关和将所有控制器手柄放到零位；合上控制箱上的刀开关，开始起重作业。

2. 大、小车运行机构操作

起重机司机应了解自用起重机的种类、技术性能、主要结构、电气设备与线路的构成、特点与工作原理。了解和掌握这些内容的目的是合理使用和安全操作起重机。

（1）大、小车运行机构操作方法。大、小车运行的启动、制动、调速和换向是由操纵控制器手柄（手轮）来实现的。控制器中间位置为零挡（即零位），是停止挡，其左右各有五挡，把手柄推离零挡，大车或小车就启动运行。手柄向左，大车就向左运行（小车向前运行）；手柄向右，大车就向右运行（小车向后运行）。大车（或小车）运行的快慢与各挡位置有关，1 挡最慢，2 挡其次，3 挡、4 挡、5 挡逐渐加快，5 挡速度最快，接近额定速度。

操作时需要注意以下几点：

1）平稳启动与加速。为了运行平稳，减少冲击，避免吊物摆动，必须逐挡推转控制器手柄，每挡应停留 3 s 以上，大车（或小车）从静止加速到额定速度（第 5 挡）应在 10~20 s 内，严禁从零挡快速转至 5 挡。

2）根据运行距离的长短，选择合适的运行速度。长距离吊运一般应逐挡加速到第 5 挡，以最高速度运行，提高生产效率；中距离吊运应选择 2、3 挡的速度运行，避免采用高速行驶，以至行车过量；短距离吊运应采用第 1 挡并伴随断续送电开车，以减少反复启动与制动。

3）平稳并准确停车。停车前应逐挡回零，使车速逐渐减慢，并且在回零后再短暂送电跟车一次，然后靠制动滑行停车。司机应掌握大、小车在各挡停车后的滑行距离，能够做到在预定停车位之前的某一点处断电滑行。这样既准确又节电，并可消除停车制动时的吊物摆动。

（2）大、小车运行机构的安全操作技术要求

1）启动、制动不要过快过猛。严禁快速从零挡扳至第 5 挡或从第 5 挡扳回零挡，避免突然快速启动、制动引起吊物摆动，造成事故。

2）尽量避免反复启动。反复启动会使吊物摆动，还会超过起重机的工作级别，引起金属结构疲劳，加速设备损坏。

3）严禁开反车制动停车。如欲改变大车（或小车）的运行方向时，应在车体运行停止后，再把控制器手柄扳到反向。

以上是用凸轮控制器操作大、小车运行机构的方法，适用于中、小型起重机。大型起重机采用主令控制器控制大、小车运行的操作方法与上述方法基本相同。

3. 起升机构的操作

（1）用凸轮控制器控制起升机构的操作方法，一般有以下几种情况：

1）轻载起升，起重量 $G \leqslant 0.4G_n$（G_n 为额定起重量）。第一步：从零挡向起升方向逐级推挡，直至第 5 挡。每挡停留时间为 1 s 左右，从静止加速到额定速度（第 5 挡），一般要经 5 s 以上。第二步：当吊物即将提升到预定高度时，应把手柄逐级扳回到零挡，每挡停留 1 s 左右，使电动机逐渐减速，直至制动停车。

2）中载起升，起重量 $G=(0.5\sim0.6)\ G_n$。第一步：启动并缓慢加速，把手柄推到起升方向第1挡，停留2 s左右，再逐级加速，每挡停留1 s左右，直至第5挡。第二步：平稳减速与制动的操作与轻载操作相同。

3）重载起升，起重量 $G\geqslant0.7G_n$。第一步：当手柄推到起升方向第1挡时，由于负载转矩大于该挡电动机的起升转矩，电动机不能启动运转，应迅速把手柄推到第2挡，把物件逐渐吊起。如果手柄推到第2挡后，电动机仍不启动，就意味着被吊物件超过额定起重量，应停止起吊。物件吊起后再逐级加速，直至第5挡。第二步：当物件将提升到预定高度时，应把手柄逐挡扳回零挡，在第2挡停留时间应稍长些，以减少冲击。但在第1挡位不能停顿，应迅速扳回零位，否则重物会下滑。下降操作时，下降手柄在第1、2、3、4、5挡的速度逐级减慢，与上升时各挡位置速度的加快正好相反。

4）轻载（$G\leqslant0.4G_n$）下降时，可将控制器手柄推到下降第1挡，此时被吊物件以大约1.5倍的额定起升速度下降。

5）中载［$G=(0.5\sim0.6)G_n$］下降时，将控制器手柄推到下降第3挡较为合适，不应以下降第1挡的速度高速下降，以免发生事故。

6）重载（$G\geqslant0.7G_n$）下降时，将控制器手柄推到下降第5挡，以最慢速度下降。当被吊物到达应停位置时，应迅速将手柄由第5挡扳回零挡，中间不要停顿，以避免下降速度加快及制动过猛。重载下降时，应注意不能将手柄置于下降方向第1挡，重量大的被吊物体会产生很大的动能，造成刹不住车的溜钩事故。长距离重载下降时，禁止采用反接制动方式下降，否则容易烧毁电动机。

（2）用主令控制器控制起升机构的操作方法。配合POS型控制屏的主令控制器，在上升和下降两个方向上各有三个挡位，其上升操作与凸轮控制器操作基本相同，而下降操作不相同。

1）轻载短距离慢速下降时，把主令控制器手柄推到下降第 2 挡。

2）轻载和中载长距离下降时，把主令控制器手柄推到下降第 3 挡，此时吊物快速下降。

3）重载短距离慢速下降时，先把主令控制器手柄推到下降第 2 挡或第 3 挡，然后迅速扳回下降第 1 挡，即可慢速下降。

4）重载长距离下降时，先把主令控制器手柄推到下降第 3 挡，使重物快速下降，当吊物接近落放点时，将手柄扳回下降第 1 挡，放慢下降速度，这样更安全。

4. 起升机构的安全操作技术要求

（1）吊钩左右前后找正。每次吊运物件时，要把吊钩对准被吊物件的重心，或正确估计被吊物件的重量和重心，然后将吊钩调至适当的位置进行起吊。要根据钩头吊挂重物后钢丝绳的左、右偏斜情况而向左、右移动大车，使钩头对准物件的重心，这是吊钩左右找正的方法。吊钩的前后找正，要靠移动小车来实现，因为钢丝绳在司机的前方，钢丝绳的偏斜情况不太容易看出，待起吊重物后缓慢升起，再根据吊物前后侧绳扣的松紧不同，前后方向移动小车，使前后两侧绳扣松紧一致，达到吊钩前后找正的目的。

（2）平稳起吊。钢丝绳拉直后，应先检查吊物、吊具和周围环境，再进行起吊。起吊过程应先用低速挡把物件吊起，当被吊物件脱离周围的障碍物后，再把手柄逐挡推到最快挡，使物件以最快的速度提升。严禁快速推挡、突然启动，以避免吊物碰撞周围人员和设备，或者拉断钢丝绳，造成人身或设备事故。

（3）被吊物起升后，高出地面最高障碍物 0.5 m 为宜，然后开动小车并移到吊运通道，再将其沿通道吊运直达卸货点。吊运中不得从地面人员和设备上空经过，防止发生意外事故。若吊运中必经需要通过地面人员所站位置的上空时，要发出信号，待地面人员躲开后方可通过。

（4）当物件吊运到应停放的位置时，应对正预定停点后下降，下降时要根据吊物距离落点的高度来选择合适的下降速度。在吊物降到接近地面时，要开动起升机构并慢慢降落至地面，不要过快、过猛。将吊物放置到地面后，不要马上落绳脱钩，必须在证实吊钩放稳且经地面指挥人员发出落绳脱钩信号后，方可落绳脱钩。

（5）要求起重机司机应做到启动稳、运行稳和停车稳的“三稳”操作。具体操作如下：

1）启动稳。大、小车启动后先回零挡一次，当吊物向前摆动时，迅速跟车一次，即可使吊物在其重力线与钢丝绳均处于铅垂位置时达到与车体同速运行而消除摆动。

2）运行稳。在大、小车运行中如发现吊物有摆动现象，则可顺着吊物的摆动方向，顺势加速跟车，使车体跟上超前的吊物，以达到平衡状态而消除摆动。

3）停车稳。在大、小车将到达指定位置前，应将控制器手柄逐步拉回以使车速逐渐减慢，并有意拉回零挡后再短暂送电跟车一次，使吊物处于平衡而不摆动状态，最后靠制动滑行停车。

三、稳钩的操作方法

稳钩是桥式起重机司机应掌握的基本操作技能之一，也是每一个吊运工作循环中必不可少的工作环节。所谓稳钩，是指起重机司机在吊运过程中，把由于各种原因引起摇摆的吊钩或被吊物件稳住的操作过程。为了较好地掌握稳钩操作技能、提高稳钩操作的技术水平、迅速消除摇摆，首先要了解吊钩或吊物产生摇摆的各种影响因素及吊物的平衡原理，然后采取相应的操作方法，把处于摇摆状态的吊钩稳住。

1. 产生摇摆的原因

桥式起重机的大、小车运行机构和起升机构，由于启动或制动过快、过猛，起吊时吊钩距吊物重心较远、操作不当，或地面工作人员（即司索工）捆绑物件位置偏斜、绳扣过长且两侧绳扣分支不等，都会造成摇摆和抖动。

如果桥式起重机大、小车启动运行中都能保持吊物本身的重力和钢丝绳吊物的拉力大小相等、方向相反，吊物就不会摇摆。

但在实际操作中，因为物体运动而产生的惯性，吊物在大车或小车启动的瞬间不能保持静止状态下的平衡，所以必然产生摇摆，尤其是大、小车启动过快、过猛时，这种摇摆更为明显。此外，突然或快速制动也会产生摇摆，其原因和摇摆情况与启动瞬间完全相同。

吊物摇摆本身隐藏着极大的不安全因素，不仅容易碰撞周围人员及设备，而且可能造成吊物散落，其危害是可想而知的。同时，吊物摇摆还直接影响起吊工作质量和生产效率，因为它不能被准确、及时地投落在预定地点。

了解了吊物摇摆产生的原因后，一旦产生摇摆，司机应该熟练地用稳钩方法及时消除吊物摇摆。

2. 稳钩的操作方法

稳钩的基本方法有 8 种。

（1）前后摇摆的稳钩。吊物前后摇摆，即沿小车轨道方向来回摇摆时，可启动小车向吊物摇摆的方向跟车，如果跟车及时、适量，一次跟车即可消除摇摆。如果一次跟车未能完全消除摇摆，可按上述方法往回跟车一次，直到完全消除摇摆为止。

（2）左右摇摆的稳钩。重物左右摇摆，即沿大车轨道方向来回摇摆时，可启动大车沿吊物摇摆的方向跟车。当吊物接近最大摆动幅度时（吊物摆动到这一幅度即将往回摆动），停止跟车，这样正好使吊物处在垂直位置，跟车速度与跟车距离应根据吊物的摇摆位置及摇摆幅度确定。如果一次跟车未完全消除摇摆，可向反方向跟车一次。如果跟车速度、跟车距离选择合适，一般1~2次跟车即可将吊物稳住。

（3）起车稳钩。起车稳钩是保证桥式起重机运行平衡的关键。当大车或小车启动时，尤其是突然启动和快速推挡时，车体已向前运行一段距离，吊物通过挠性的钢丝绳与车体连接，由于惯性作用而滞后于车体一段距离，从而相对离开了原来稳定的平衡位置垂线而产生摇摆。

吊物越重、起车越快，摇摆就越严重。所以，大车或小车启动时应逐渐加速，力求平稳，从而减小吊物摇摆幅度。此外，在吊物质量较大、起车又较快时，应在启动开车、吊物滞后于车体时及时扳转大车或小车手柄回零挡而使之制动，待吊物向前摇摆并越过吊物与车体的相对平衡位置垂线时，马上再启动向前跟车。如果跟车时机掌握得好、车速选择适当，就可使车体与吊物处于垂线位置上而无相对运动，即以相同速度运行，也就消除了起车时的吊物摇摆。

（4）原地稳钩。若大车或小车的车体已经到达预定停车地点，但因操作不当、车速过快、制动过猛，吊物并没有停下来，从而产生前后或左右摇摆。如果在此种情况下落钩卸放吊物，由于卸放吊物落点不准确，前后或左右摇摆极不安全，因此容易造成事故。对于这种情况，司机应采用原地稳钩的操作方法进行处置。

当吊物向前（或左）摆启动大车（或小车），向前（或左）跟车到吊物最大摆幅的一半，待吊物向回摇摆时再启动大车（或小车）往回跟车，这一点是原地稳钩操作的关键点。根据车体制动情况，恰当地掌握好吊物摇摆的角度，通过来回跟车（一般1~2次），即可将吊物稳定在应停放的位置。这种原地稳钩操作对缩短一个吊运工作循环时间、提高桥式起重机工作效率有着非常重要的实际意义。

(5) 运行稳钩。运行过程中，当吊物向前摇摆时，应顺着吊物摇摆的方向加大控制器的挡位，使车速加快，运行机构跟上吊钩的摆动；而当吊钩向回摆动时，则应减小控制器的挡位，使车速降低，使吊物跟上车体运行速度，以减少吊物的回摆幅度。在运行过程中，通过几次反复加速、减速、跟车，就可以使吊物与运行机构同时平稳运行。

(6) 停车稳钩。尽管在启动和运行时吊物很平稳，但如果停车时掌握不好停车的方法，往往会造成停车时吊物的摇摆。此时，需要司机采用停车稳钩的方法来消除摇摆。吊物在平稳运行时与车体的相对速度为零，即两者以相同的速度运动。当即将到达吊物预停位置停车制动时，车体因机械制动而在短距离内停止，但吊物因惯性作用仍然以停车前的初速度向前运动，从而产生了吊物的前后（或左右）摇摆运动。消除这种摇摆的方法：在桥式起重机与预定停车位置还有一段距离时，应将控制器手柄逐挡扳回零挡，在桥式起重机逐渐减速的同时，适当地制动 1~2 次，在吊物向前进方向摇摆时，立即以低速挡瞬动跟车 1~2 次，即可将吊物平稳地停在预定地点。

(7) 稳抖动钩。桥式起重机吊运过程中经常会遇到抖动钩的情况，抖动钩表现为吊物大幅度前后摆动，而吊钩以小角度在吊物一个摆角之内抖动几次。产生抖动的原因：吊物的钢丝绳长短不一、吊物重心偏、操作时吊钩没有对正吊物的重心。稳抖动钩的方法：当吊物向前慢速大幅度摆动，而吊钩小角度快速抖动，且吊钩抖动的方向与吊物大幅度摆动的方向相同时，快速跟钩，即快速将控制器手柄推回零挡；当吊物向回摆动，而吊钩小角度向回抖动时，向回快速跟钩，快速将控制器手柄推回零挡。这样每往返跟车一次，抖动的摆角角度就减少许多，如果能熟练掌握上述跟车操作顺序，操作得当，一般只需 2~3 次即可将抖动钩稳住。

(8) 稳圆弧钩。在吊运或启动时，因操作不当或某些外界因素的作用而使吊物产生弧形曲线运动，即圆弧钩。稳这种圆弧钩的操作方法：采用大、小车综合运动跟车法，即沿吊物运动方向，根据吊物运动曲线弧度状况操纵大、小车控制器手柄，改变控制器速度挡位，使小车产生相应的曲线运动，从而消除圆弧状的吊物摇摆。

总之，以上几种稳钩方法是最基本的方法。桥式起重机的工作特点是经常由静止到快速运动，又由快速运动到制动停止，因此吊物因惯性存在而产生摇摆是客观存在的，而且吊钩摇摆的情况又是千变万化的。采用哪一种方法稳钩，要根据具体情况而定，也可综合采用多种稳钩方法。另外，应在掌握稳钩操作技术的基础上，桥式起重机司机进一步掌握大、小车制动滑行距离，这对提高稳钩操作的效果和发挥操作技术有着十分重要的意义。

四、物件翻转的操作方法

翻转工件是起重机司机在工作中经常进行的操作。起重作业中经常需要对设备与构件进行翻转操作。物体的旋转是以一根轴为中心进行的，例如自行车车轮、汽车车轮等。无论物体怎样旋转，轴相对于物体是静止不动的。换句话说，任何一个物体围绕一根固定的轴都可以旋转起来。

设备翻身的关键就是找到这样一根轴。轴找到了，设备转多少度只是时间问题。其次，必须利用一组长度可调的千斤绳来控制设备旋转。

1. 物件翻转的基本操作步骤

（1）正确估计被翻转物件的重量及其重心位置。

（2）根据被翻转物件的形状和结构特点，结合现场起重设备条件确定翻转方案。

（3）根据确定的翻转方案，正确选择索具，确定吊点和捆绑位置。

（4）做好被翻转物件的保护措施，起重作业中时刻控制住被翻转物体，防止冲击。

2. 常见的翻转操作方法

（1）地面翻转，又称兜底翻，一般用单钩进行，适用于耐碰撞的铸锻毛坯件。

1）操作方法。第一步：绳索应兜挂在被翻转物件的底部或下部。一般死圈扣的锁点放在被翻转物件下部远离重心的位置，如图 4-18a 所示。绳索兜底部时如图 4-18b 所示。第二步：绳扣系牢后，操纵起升机构手柄，使吊钩逐步提升。随着物件以 *A* 点为支点的逐渐倾斜，校正大车（或小车）的位置。以保证吊钩与钢丝绳时刻处于垂直状态，如图 4-18c 所示。第三步：当被翻转物件倾斜到重心 *G* 超过地面支承点 *A* 时，物件的重心斜力矩使物件自行翻转，这时应迅速将起升机构操纵手柄扳至下降方向第 1 挡，使吊钩以最快的下降速度落钩。

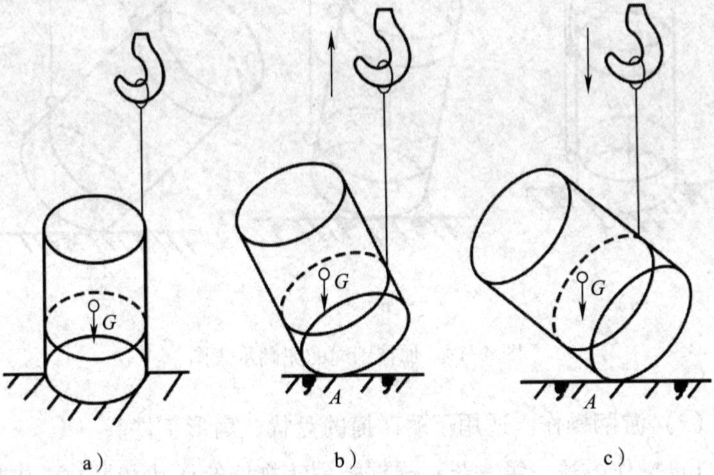

图 4-18　兜底翻物件操作示意图

a）兜挂　b）起升　c）翻转

2）注意事项。当物件自行翻转时，必须及时快速落钩。若吊钩继续提升，则会造成物件的抖动和对车体的冲击，阻碍物件翻转并且存在安全隐患。为防止翻转某些机加工件发生碰撞，需要适当加挂长度适中的副绳，如图 4-19a 所示。副绳缚在被翻转物件的上部，物体翻转前，副绳处于松弛状态。当吊钩提升物件逐渐倾斜时，副绳的松弛程度逐渐减少，如图 4-19b 所示。当物件重心 G 超过地面的支承点 A 且物件可以自行翻转时，副绳恰好刚刚拉紧受力，此时继续提升，将被翻转物件略微提高，使其离开地面，然后落钩。在物件下角部位与地面接触后继续落钩，使物件逐渐翻转落地，如图 4-19c 所示。

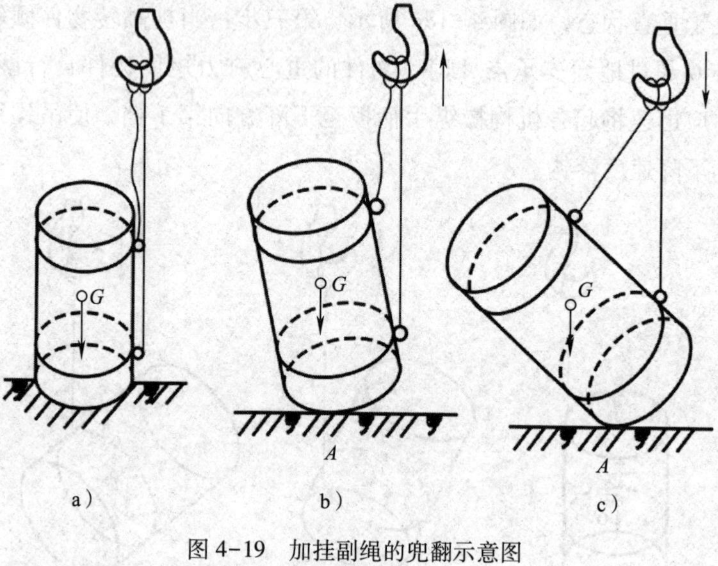

图 4-19　加挂副绳的兜翻示意图

（2）游翻操作。适用于耐碰撞的盘状、扁形工件。

1）操作方法。第一步：根据被翻转物件的形状和尺寸，先把已吊挂稳妥的被翻转物件提升至稍离地面位置。第二步：快速开动大车或小车，使物件开始摇摆至最大摆角的瞬间，立即启动起升机构，以最快的下降速度使物件快速降落。第三步：在被翻转物件的下角部位与地面接触后，吊钩继续下降，物件在重力矩的作用下自行倾倒，在钢丝绳的松弛度足够时即停止下降，此时往回迅速开动大车或小车，调整车体位置，以达到当被翻转物件翻转完成时钢丝绳处于铅垂的状态。

2）注意事项。该操作要防止物件与周围设备碰撞，要掌握好翻转时机，动作要快、要准。

（3）带翻操作。适用于已加工好的齿轮、液压操纵板等不耐碰撞的精密件。

1）操作方法。第一步：把被翻转物件吊离地面，然后慢慢降落。至被翻转物件与地面刚刚接触时迅速开动大车或小车，通过倾斜绷紧钢丝绳的水平分力，使物件以支点 A 为中心微倾翻运动。第二步：当物件重心 G 超过支点 A 时，物件在重力矩作用下会自行倾倒。在被翻转物件自行倾倒时，顺势开动起升机构落钩并控制其下降速度，落钩时要使吊钩保持垂直，如图 4-20 所示。

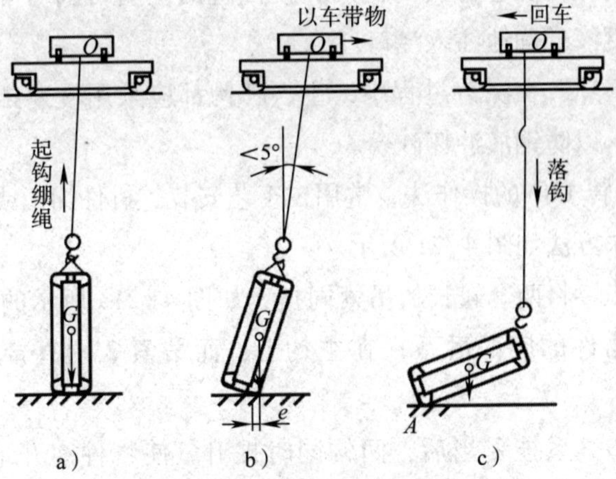

图 4-20　带翻操作示意图

a）起钩绷绳　b）开车带物件　c）落钩翻转

2）注意事项。带翻操作翻转时斜拉的角度不宜过大，一般不大于5°。如果角度过大，则不能进行带翻操作；被翻转的物件必须是扁形或盘形物件，起吊后的重心位置必须较高，底部基面较窄；在操作过程中，要使吊钩保持垂直，在带翻拉紧钢丝绳成一定角度以后，不允许起升卷扬，防止钢丝绳乱绕在卷筒上，或从卷筒上脱落而绕在转轴上绞断钢丝绳；翻转物件时，车体的横向运动和吊钩的迅速下降等彼此要配合协调。

（4）空中翻转，需要双钩配合进行。

1）翻转90°的操作方法（以浇包翻转为例）。

①将主钩挂在被翻转物件（如浇包）的上部吊点上，用来担负浇包的吊运，副钩挂在下部吊点上，用来使浇包倾翻。

②起吊时两钩同时提升，并开动大、小车把浇包运至浇铸位置。

③两钩同时下降，将浇包降到适于浇铸的合适高度时，慢速提升副钩，使浇包底部逐渐上升，同时使主钩继续下降并调整小车的位置，以确保在浇包翻转的同时，使浇包的浇嘴时刻对准浇口，并使倒出的钢液准确地注入浇口。

注意事项：在浇铸过程中，主、副钩都应采用慢速挡，缓慢地倾倒钢液，以防钢液冲坏砂模。

2）翻转180°的操作法，常用在工艺安装、机件加工或设备检修时。其操作方法如图4-21所示。

第一步：将两套较长的吊索同挂于如图4-21a所示的*B*点，吊索1绕过物件的底部后系挂在主钩上，而吊索2则直接系挂在副钩上。

第二步：系挂妥当后，两钩同时提升，使物件离开地面0.3~0.5 m，然后停止副钩，继续提升主钩，此时工件将在空中绕*B*端逐渐向上翻转。为使*B*点始终保持距离地面0.3~0.5 m的距离，在主

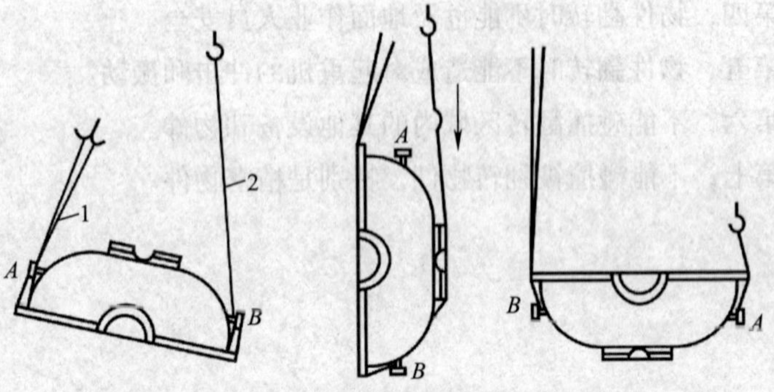

图 4-21　物件空中翻转 180°示意图

a）主钩提升　b）翻转 90°　c）翻转 180°

钩逐渐提升的同时，继续降落副钩。

第三步：在主、副钩缓慢而平稳协调动作下，可将工件翻转 90°，如图 4-21b 所示。在物件翻转 90°后，副钩继续慢速下降，主钩继续上升，以防止工件触碰地面。经过这样连续动作，工件上部依靠在副钩的吊索上，随着副钩的下降，工件的 A 端就会绕 B 端顺时针方向转动，使工件安全地翻转 180°，如图 4-21c 所示。

在各种物件的翻转过程中，还需要注意以下几点：

第一，根据被翻转物件的形状、质量、结构特点及对其翻转程度的要求，结合现场起重设备的起重能力等具体条件，确定安全、合理的翻转吊运方案。

第二，正确估计被翻转物件的质量及重心位置和正确选择物件的系挂吊点是确保物件翻转工艺过程安全而顺利完成的关键；根据确定的物件翻转吊运方案，正确捆绑被翻转物件，选择适当的吊点。

第三，必须熟练掌握操作方法、操作程序，各机构必须协调配合。

第四，物件翻转时不能危及地面作业人员安全。

第五，物件翻转时不能造成对起重机的冲击和振动。

第六，不能碰撞翻转区域内的其他设备和物件。

第七，不能碰撞被翻转物件，特别是精密物件。

第5单元 流动式起重机安全操作

模块1 安全技术要求与作业要求

一、安全操作规程

1. 安全操作基本准则

作为一种大型机械设备，流动式起重机在工业生产和场地作业中扮演着至关重要的角色。其操作涉及重物吊装、运输等多个环节，一旦操作不当或违反安全规程，极易引发严重的事故，造成人员伤亡和财产损失。因此，确保流动式起重机的安全操作是保障人员生命财产安全的必然要求，其安全操作基本准则如下：

（1）流动式起重机司机属于特殊职业范畴，其从业人员必须具有强健身体，无任何影响工作的疾病，视力需保持在0.7以上，听力正常。此外，他们必须经过当地安全生产监督部门组织的专门培训，并在通过考试获得特种作业操作证后方可从事此项工作。未持有此证的人员禁止参与相关作业。

（2）流动式起重机司机应严格遵守安全规章制度，对流动式起重机的结构、性能以及起重调运的指挥信号了如指掌。

（3）司机需通过专用梯子上下流动式起重机，禁止从其他起重机跨越，同时，非工作人员禁止登上起重机。

（4）流动式起重机启动前，司机必须确认起重机作业范围内无人，确认安全后方可鸣铃启动。

（5）在作业过程中，禁止对流动式起重机进行维护和保养工作。如需进行此类工作，必须切断电源并设置警示牌。在维修时，司机需与检修人员紧密配合，听从检修指挥，同时注意防止物品掉落伤人。

（6）吊运过程中，司机应听从起重指挥人员的指示，但在紧急情况下，任何人的紧急停车信号都应立即执行。

（7）流动式起重机作业时，起重指挥人员和司机不得离开岗位。每班作业前应进行试吊，严禁超载。吊运路线应避免从人头上方通过。司机在酒后或精神状态不佳时禁止操作。作业期间，司机应专注工作，禁止与他人闲聊或进行其他无关动作。

2. 作业前的准备工作

作业前，交接班人员应共同详细检查流动式起重机的设备状况，这是确保工作安全的重要步骤。这一环节不仅关乎设备本身的正常运行，更直接关系到操作人员的安全。交班人员如果发现接班人员饮酒或其精神不正常，应及时向上级领导报告，以便做出相应处理，避免潜在的安全风险。检查内容包括：

（1）检查配电盘是否拉闸断电，不允许带电检查。

（2）检查各操作系统动作是否灵敏，手柄是否扳到零位。

（3）检查钢丝绳有无断股、变形，在卷筒上有无串绳和重叠现象。

（4）制动器有无卡塞现象，弹簧、销轴、连接板和开口销等是否完好。

（5）检查滑块在滑线上接触是否良好。

（6）各安全防护装置是否灵敏可靠。

（7）检查吊钩的防脱钩装置是否缺失。

（8）吊钩转动是否灵活。

3. 作业中的注意事项

流动式起重机司机在作业中需要注意以下事项，以确保作业的安全和顺利：

（1）要先鸣铃后启车，启车要稳，逐挡加速。

（2）当班第一次吊载时应先进行试吊。

（3）在作业中如遇停电时，应把手柄全部扳到零位。

（4）在有载荷的情况下，司机不准离开工作岗位，在工作间歇时，也不准将吊物悬在空中。

（5）有主副钩的流动式起重机的主副钩不应同时开动。

（6）使用两台流动式起重机合吊一个重物时按特殊操作技术操作。

（7）在作业时，禁止在任何部位上载人运行，或其他人员上下流动式起重机。

（8）在作业时，司机应严格遵守流动式起重机机械作业的“十不吊”原则。

1）超过额定负荷、歪拉斜挂不吊。

2）指挥信号不明、重量不清、光线暗淡不吊。

3）吊索和附件捆缚不牢、不符合安全要求不吊。

4）行车吊挂重物直接进行加工时不吊。

5）流动式起重机的安全装置失灵时不吊。

6）工件上站人或工件上有浮动物的不吊。

7）氧气瓶、乙炔瓶等具有爆炸性的物品不吊。

8）带有棱角、缺口未垫好的不吊。

9）埋在地下的物件不吊。

10）违章指挥不吊。

（9）司机在作业时应遵守下列要求。

1）不准利用极限位置的限位器进行停车。

2）不准在有载荷的情况下调整起升制动器。

3）不准进行检查和维修。

4）除特殊情况外，无反接制动性能的流动式起重机不准利用打反车进行制动。

（10）载荷达到或接近额定能力时，在未检查制动和进行试吊前不应进行吊运作业。

（11）在吊运时如遇有多人挂钩，应只听起重指挥人员的指挥。

（12）司机在作业中如遇有下列情况之一时，应发出信号（鸣铃）：

1）起吊重物、落下重物和开动大、小车时。

2）流动式起重机从视界不清处通过时（要连续鸣铃）。

3）吊运重物接近人员时。

4）有其他紧急情况时。

4. 作业结束后应做到的事项

在流动式起重机作业结束后，司机应执行以下事项以确保设备的安全停放和维护：

（1）把吊钩升起、小车开到主梁的一端，把大车开到指定地点。

（2）把所有控制手柄扳回零位。

（3）切断电源。

（4）将流动式起重机清扫或擦拭干净。

（5）按规定进行润滑和维护保养。

二、维护保养制度

流动式起重机的使用单位，除了要求操作人员严格遵守相关特种设备的技术规范和安全操作规程外，还应高度重视其保养和维护，在设备为生产创造经济效益的同时，也要把部分资金投入流动式起重机设备的保养和维护工作中去，定期保养，及时维修，以更好地确保设备和人身安全。

1. 维护保养主要内容和时间

流动式起重机保养有许多内容，按其作业性质区分，主要工作有清洁、检查、紧固、调整和润滑等。流动式起重机维护保养的主要内容见表 5-1。

表 5-1　流动式起重机维护保养的主要内容

项目	内容	要求
清洁	清洁工作是提高保养质量、减轻机件磨损和降低油、材料消耗的基础，并为检查紧固、调整和润滑做好准备	车容整洁，发动机及各总成部件和随车工具无污垢，各滤清器工作正常，液压油、机油无污染，各管路畅通无阻
检查	检查是通过检视、测量、试验和其他方法来确定各总成、部件技术性能是否正常，工作是否可靠，机件有无变异和损坏，为正确使用、保管和维修提供可靠依据	发动机和各总成、部件状态正常，机件齐全可靠，各连接、紧固件完好
紧固	由于流动式起重机运行工作中的颠簸、振动、机件热胀冷缩等原因，各紧固件的紧固程度会发生变化，甚至松动、损坏和丢失	各紧固件必须齐全和无损坏，安装牢靠，紧固程度符合要求
调整	调整工作是恢复流动式起重机良好技术性能和确保正常配合间隙的重要工作。调整工作的好坏直接影响流动式起重机的经济性和可靠性。所以，调整工作必须根据实际情况及时进行	熟悉各部件调整的技术要求，按照调整的方法、步骤认真细致地进行调整
润滑	润滑工作是延长流动式起重机使用寿命的重要工作，主要包括发动机、齿轮箱、液压油缸、制动油缸，以及传动部件关节等	按照不同地区和季节，正确选择润滑剂品种，加油的油品和工具应清洁，加油口和油嘴应擦拭干净，加油量应符合要求

流动式起重机使用单位要经常对在用的流动式起重机进行检查维保，并制订“定期检查管理制度”，包括日检、周检、月检、年检，对流动式起重机进行动态监测。不同的检查周期可制订不同的

检查内容，有异常情况随时发现，及时处理，从而保障流动式起重机安全运行。

2. 检查内容

（1）定期检查。为了确保流动式起重机的作业安全和起重作业的高效率，应保持起重机各机构处于良好的技术状态。定期检查中发现异常情况，应立即修理。每次作业前检查不得忽视下列部分：

1）支腿机构。

2）起重机构：回转、吊臂变幅、吊臂伸缩及起升机构。

3）电气系统。

4）安全装置。

（2）检查项目。见表 5–2。

表 5–2　检查项目

检查部件	检查内容	检查部件	检查内容
驱动装置	操作杆和开关 操作状态	回转机构	转台 有无裂纹和变形
	取力装置 ①有无松动和漏油 ②有无异常噪声和发热		减速器和回转支承 ①油量和油的污染度 ②齿轮箱有无裂纹、变形和漏油 ③有无异常噪声和振动 ④安装零件有无松动 ⑤液压马达的工作压力是否正常 ⑥油管接头有无松动和漏油 ⑦制动性能
	传动轴 ①法兰盘和连接件有无松动 ②有无振动、划伤和磨损		
液压系统	液压油箱 ①有无松动和损坏 ②有无裂纹和漏油 ③油量、污染度和黏度		
	液压泵 ①有无松动和损坏 ②有无异常噪声、振动和发热 ③有无漏油 ④吸油管路是否吸入空气 ⑤供油压力是否正常 ⑥管路接头有无松动和漏油		回转接头 ①有无漏油 ②回转状态以及有无异常噪声、振动和发热 ③炭刷与滑环间的导电状态

续表

检查部件	检查内容
回转机构	吊臂伸缩油缸 ①动作状态（有无脉动和噪声，动作顺序是否正常） ②有无漏油 ③平衡阀的功能 ④油管接头是否松动 ⑤软管有无老化、扭曲和损伤
	钢丝绳 ①直径、断丝 ②扭结、变形 ③锈蚀情况、润滑状态 ④张紧状态
吊臂变幅机构	吊臂变幅油缸 ①支点销有无磨损和损伤 ②支点销锁板螺栓有无松动 ③有无漏油 ④有无振动和噪声 ⑤在起重作业时油缸是否自然缩回 ⑥软管有无老化、扭曲和变形
	平衡阀 ①有无漏油 ②有无脉动 ③油管接头有无松动和漏油
吊臂伸缩机构	起重臂 ①有无裂纹弯曲和损坏 ②吊底端支点销板螺栓有无松动 ③滑动表面有无划伤 ④支点销套有无磨损和损伤 ⑤滑动表面润滑状态 ⑥吊支架有无变形和裂纹

检查部件	检查内容
吊钩和钢丝绳	吊钩和滑轮 ①吊钩回转情况 ②有无变形 ③横梁摆动是否灵活 ④横梁与吊钩的连接情况 ⑤防脱钩销有无弯曲 ⑥滑轮回转情况（有无异常噪声） ⑦滑轮有无裂纹和磨损 ⑧滑轮支架和铲罩有无弯曲和损坏 ⑨润滑情况
	钢丝绳 ①直径 ②断丝 ③扭结 ④变形 ⑤锈蚀情况 ⑥绳套、楔子位置是否正确 ⑦钢丝绳绳夹、绳套的连接是否牢固可靠 ⑧钢丝绳绕过滑轮是否正确
起升机构	液压马达 ①安装零件有无松动和裂纹 ②有无漏油 ③有无噪声和振动 ④油管接头有无松动和漏油

续表

检查部件	检查内容
起升机构	减速器 ①安装零件有无松动 ②有无噪声 ③轴承磨损情况 ④润滑情况 ⑤有无漏油 ⑥制动性能
	平衡阀 ①有无漏油 ②油管接头有无松动和漏油 ③有无脉动
	卷筒 ①有无裂纹 ②有无钢丝绳乱绳
液压元件	多路阀 ①动作情况 ②有无漏油 ③螺栓有无松动
	溢流阀 调定压力
	管路 ①连接部位有无松动 ②有无漏油 ③管夹有无松动和裂纹 ④软管有无老化、扭曲和损坏
操纵部分	压力表 ①表针移动是否平衡 ②连接部分有无松动

检查部件	检查内容
操纵部分	操纵杆和脚踏板 ①功能 ②有无间隙
	作业灯 ①能否点亮 ②有无破损 ③安装情况
	刮水器（挡风玻璃） ①动作情况 ②刷片有无磨损和损坏
	室内灯 能否点亮
	蜂鸣器 功能
	高度限位器 ①动作情况 ②重锤吊索是否损坏 ③安装情况
	幅度指示器 ①功能 ②精度

续表

检查部件	检查内容	检查部件	检查内容
操纵部分	上车操纵室 ①螺母、螺栓有无松动 ②窗、门锁开关功能	支腿 垂直油缸	固定支腿、活动支腿、支腿伸缩油缸 ①有无变形和损坏 ②活动支腿固定销和销套有无损伤 ③托架有无变形和裂纹 ④有无噪声和振动 ⑤油管和软管连接部位有无松动 ⑥有无漏油
	熄火开关 ①功能 ②安装情况		多路阀 ①动作情况 ②油管接头有无松动 ③螺栓有无松动 ④有无漏油
支腿 垂直油缸	支腿垂直油缸 ①起重作业时是否自然缩回 ②行驶过程中是否自然下沉 ③有无漏油 ④双向锁的功能 ⑤油管接头有无松动 ⑥有无噪声和振动 ⑦支腿盘有无变形和损坏		水平仪 ①外观有无划伤和变形 ②安装情况 ③气泡的状态

（3）底盘的润滑。对流动式起重机进行正确的润滑可以减少零件的磨损，流动式起重机底盘各部位的润滑方法见表 5–3。

表 5–3　　各润滑点的检查

序号	润滑部位名称	润滑方法	润滑周期
1	主起重钩滑轮组	油腔注射	每周

续表

序号	润滑部位名称	润滑方法	润滑周期
2	主臂起升滑轮组	油腔注射	每周
3	二、三、四节主臂滑块	涂抹、油腔注射	每周
4	二、三、四节主臂滑块经过表面	涂抹	每周
5	变幅缸上下铰点轴	油腔注射	每周
6	副臂滑轮	油腔注射	使用前
7	主臂后铰点轴	涂抹、油腔注射	每周
8	回转支承	油腔注射	每周
9	回转机构小齿轮	涂抹	润滑周期
10	副起重钩	涂抹	每周
11	钢丝绳	涂抹	每周
12	钢丝绳（主臂伸缩用）	涂抹	每周
13	支脚盘	油腔注射	每周
14	卷扬轴承座	油腔注射	每周

注：加油前，擦净油杯和待涂表面；未列在表中的滑动表面也定期加润滑油；在将主臂收存到主臂支架上的状态下，如果主臂变幅油缸活塞杆一部分露出时，应对露出的部分每月涂抹一次润滑脂。

在实施润滑时应注意以下几点：

1）正常使用情况下，按保养周期进行润滑，环境恶劣情况下要适当缩短保养周期。

2）要选用规定的润滑油。代用油料性能必须接近，必须保证主要技术指标，并且用代用油时应注意经常检查润滑状态，且缩短润滑周期。

3）在进行发动机机油的更换作业时，最佳做法是在发动机尚未冷却之前，即热车状态下进行，这样可以确保旧机油被尽可能完全地排出。在排放机油的过程中，务必仔细观察机油的颜色和质地，检查是否有任何异常或杂质，这是为了识别并预防可能存在的机械故障。当机油完全排放后，应对放油螺塞进行清理，去除附着的杂质，并确保将其牢固地旋紧。不同车型底盘的润滑点和推荐的润滑方式的详细信息可参考维护手册。

4）进行润滑前，要清洁入口。润滑后要清洁零件表面，以免沾上尘土和污物。

5）在对发动机进行新机油滤芯的更换过程中，首先需要将新的机油加入至发动机油底壳，直至油尺指示达到最高刻度线。为了避免在缺乏润滑的情况下启动发动机，应在确保高压油泵处于切断供油状态后，按下启动按钮让发动机进行短暂的空转，随后再正式启动发动机并保持低速运行。在这一过程中，务必对新装的机油滤芯进行渗漏检查，以确保其密封性。在发动机停止运行大约 5 分钟后，再次对其进行机油液位的检查，并根据实际情况对机油进行补充，直至油尺达到规定的上限位置。

6）更换机油滤芯。更换机油时，两个并联的机油滤清器要同时更换，在密封垫上涂上一层薄薄的机油，并且紧固滤清器。

三、危险因素及预防措施

在事故多发的各种作业中，起重事故的数量多、后果严重、经济损失大，一直是安全监控的重点特种设备，起重作业的高风险是由它的特殊运动形式和作业特点决定的，了解其高风险特点对生产和人身安全有着重大的意义。

1. 危险因素及相应的预防措施

流动式起重机的危险因素主要包括以下几个方面：

（1）人为操作不当。这是导致流动式起重机发生事故的主要原因之一，一方面，一些操作员对起重机的使用方法不熟悉，或者安全操作的意识不够强烈；另一方面，一些操作员为了节省时间和成本，常常会超负荷操作，或者忽略设备的保养维护，这些都会增加事故发生的概率。起重作业是起重机司机、地面指挥等多人多环节协作完成的作业。起重作业时，地面司索工捆绑吊物、挂钩、卸货，起重司机操纵起重机将物料吊起，按地面指挥要求，通过空间运行，将吊物放到指定位置。每一次吊运循环必须由多人合作完成，无论哪个环节出问题，都可能发生意外。

（2）设备本身的问题。例如，设备各部件的材质、结构和制造工艺的设计和质量管理可能存在问题，这些都可能导致在操作中发生事故。同时，设备的老化、磨损和故障也可能引发事故。流动式起重机械的危险源点多且分散，与其他固定式机械不同的是，流动式起重机在作业过程中需要整体移动，并且起重搬运过程是借助多个机构的组合运动来实现的。每个机构都存在大量结构复杂、形状不一、运动各异、速度多变的可动零部件，再加上吊载的三维空间的运移，这样便形成了起重机械的危险源点多且分散的特点。

（3）地面条件和环境因素。起重机的工作场地不平整、地基不牢固或者风力过大等因素，都可能导致起重机在操作中失去稳定性，从而引发事故。流动式起重机庞大的金属结构横跨车间或作业场地，高居其他设备、设施和施工人群之上，起重机可实现带载情况下部分或整体在较大范围内移动运行，在作业区域增大的同时，也使危险的影响范围加大。

针对上述危险因素，可以采取以下预防措施：

（1）加强操作员的教育和培训。提高操作员的安全意识和操作技能，使其能够熟练掌握起重机的操作方法，并严格遵守安全操作规程。

（2）定期维护和检查设备。对起重机的各项安全设施、制动机构、钢丝绳、轮组、传动机构等进行定期检查，及时排除安全隐患，确保设备处于良好的工作状态。

(3) 改善工作环境。对工作场地进行平整和加固，减少因地面不平或质量差导致的事故风险。同时，在风力过大等恶劣天气条件下，应停止起重作业或采取必要的防护措施。

(4) 严格执行安全制度。制定并执行严格的安全操作规程，对违反规定的行为进行严肃处理。同时，加强现场监管，确保各项安全措施得到有效执行。

2. 与工作条件有关的危害

在室内的起重机械具有地面设备多、人员集中的特点。而在室外的起重机械会受气象条件和场地限制，在夜间作业会受作业范围内的采光条件影响。另外，物料的种类繁多，包括成件、散料、液体、固液混合等物料的形态各异。此外，流动式起重机还受到地形和周围环境等众多因素的影响。

流动式起重机作业时，如果发现作业地面泥土松软时，应使用较坚固及大面积的垫木将重力分散，减少泥土的负荷，地面不平时，可调整支架令起重机械水平距离为吊臂距离加 6 m 的距离。

四、作业要求

1. 操作前检查

(1) 检查流动式起重机的液压油位，确保液压油量达到规定值。

(2) 检查各零部件状态，确认无异常现象，严禁在有异常情况下作业。

(3) 流动式起重机工作时不得进行检查和维修。

(4) 发动机启动后，进行慢速空转，充分预热发动机。

(5) 接通取电装置前，必须确认各操作手柄和开关均处在“中位”或“断开”的位置上。

(6) 空载操作，确认各操作手柄和开关无异常现象，严禁在有异常情况下作业。

（7）对智能控制器进行作业前预检。

（8）检查所有安全装置（如报警指示灯等）有无异常。

（9）流动式起重机操作前，应先接通下车操纵室内的电源开关。

2. 起重作业注意事项

（1）载荷限制。一定要在额定起重量范围内进行起重作业，严禁超载作业，严禁斜拉、斜吊物品，严禁抽吊交错挤压的物品，严禁起吊埋在土里或冻黏在地上的物品。

（2）多台起重机协同作业。一般情况下，不允许用两台或两台以上的起重机同时起吊一个重物。特殊情况下，钢丝绳应保持垂直，各台起重机的升降运行应保持同步，各台起重机所承受的载荷均不得超过各自的额定起重量。

（3）主起重臂变形。在载荷作用下，因主起重臂发生挠曲而使工作幅度加大，因而用户在估算起重量和工作幅度时，要考虑这个因素。

（4）操作初始阶段注意事项。在开始熟悉起重机操作期间，操作起重机的动作要缓慢。

（5）作业中的注意力集中。起重作业时要集中精力，不要东张西望，不得与其他人员闲谈。只对指定的指挥员信号做出反应，但对于任何人任何时候发出的停止信号均应服从。

（6）作业期间的警觉性。起重机作业时要注意观察周围情况，避免发生事故。当重物处于悬挂状态时，司机不得离开工作岗位。

（7）液压油温监控。注意查看液压油温度，油温超过 80 ℃时必须停止操作。油缸、液压油箱等内部液压油的体积会热胀冷缩，如油温较高时伸臂，一段时间后油温下降引起起重臂自然回缩，可进行伸臂操作（严禁带载伸缩）来恢复所需长度。

（8）天气条件。注意天气预报：遇到风速超过 10 m/s、大风或雷电天气时，应立即停止起重作业，并收好起重臂。

（9）拖拽限制。不得拖拽尚未离地的重物。

（10）起升机构操作。起升机构操作时要重点注意以下事项：

1）切勿急剧地扳动起升机构的操作手柄。

2）进行起重作业前，检查制动器，确认正常后再起吊。在起吊载荷尚未离开地面前，不得用起臂和伸臂操作将其吊离地面，只能进行起钩操作。

3）根据起重臂长度选用合适的钢丝绳倍率。

4）因钢丝绳打卷而发生起重钩旋转时，要把钢丝绳完全解开后方能起吊作业。

5）不得急剧换向操作起升机构。

6）落钩时必须在卷筒上至少留 3 圈以上的钢绳。

（11）主起重臂伸缩、变幅操作时要重点注意：伸臂前，要充分降下起重钩；不可急剧地扳动起重臂变幅操作手柄；严禁带载伸缩。

（12）回转机构操作时要重点注意以下事项：

1）操作前，必须使转台脱离防转锁紧装置。

2）进行回转操作时，注意检查回转区域内不得有任何障碍物。

3）回转机构呈自由滑转状态时应注意地面的坡度、风载荷惯性等对自由滑转的影响。

4）不得急剧地扳动回转机构操作手柄。

（13）副起重臂安装调整：

1）支腿必须处于全伸状态。

2）转动副臂时，要用副起升钢丝绳或类似的工具将其拉住慢慢转动。

3）副起重臂安装后，要将副臂高度限位器插头接到主起重臂侧的插座。副起重臂收存前先拔下副臂高度限位器的插头。

4）拔出副起重臂固定销后，严禁操作行走，否则会造成副起重臂脱落。

5）收存副起重臂时，不要过分绕起副起升钢丝绳。

6）在进行副起重臂倾角的变换操作以及副起重臂的伸出操作之前，应预先起臂，以确保充分的离地高度。

模块2　基本操作方法

一、支腿作业

操作者在使用流动式起重机前，必须熟悉其操作要点，充分掌握基本操作方法。如果操作不当或超出其允许要求，不但不能发挥起重机的优越性能，反而会缩短其使用寿命，甚至会造成重大事故，所以操作者必须严格依照操作要点进行正确操作。流动式起重机稳定的方法如下。

1. 支腿操作及注意事项

平地基本支腿操作要点如下：

（1）用与地面相适应的垫板将起重机支平。

（2）使轮胎离开地面并处于悬空状态。

（3）原则上整机应呈水平状态，支腿支设在水平而坚实的地面上。万一不得不在松软或倾斜的地面上打支腿时，一定要用与地面相适应的垫板将整机支平。

（4）起重机支好后，必须确认每个支腿盘接触地面，不可有塌陷隐患，禁止在水平支腿没有完全伸出的情况下支设起重机。

（5）设置合理的支腿跨距。

支腿操作杆操作注意事项如下：

（1）通过调整操作杆的位置以选择水平油缸的伸缩或垂直油缸的升降。在结束操作之后，应迅速将操作杆扳回到中位，在开始起重作业前一定要确认操作杆是否扳回中位。

(2) 选择总控手柄的位置以选择垂直支腿油缸或水平支腿油缸的伸出或缩回。

(3) 收放水平支腿。通过调整操作杆的位置使支腿处于水平伸缩位置，然后使 4 个水平油缸同时伸出。待全部伸出后，将所有操作杆扳回中位，完成水平支腿的伸出。收回水平支腿时，准备工作与前述相同，只需将相应的操作杆拉回到缩回位置即可。

(4) 收放垂直支腿。通过调整操作杆的位置使支腿处于升降油缸的位置，然后使 4 个垂直支腿同时伸出，将车身抬起至轮胎全部离地后，将所有操作杆均扳回到中位。收回垂直支腿时，准备工作与前述相同，只需将相应的操作杆拉到缩回位置即可。

(5) 收放第五支腿。伸出左右 4 个垂直支腿并调整好后，方能伸出第五支腿。将相应操作杆置于支腿升降油缸的位置，然后使第五支腿伸出到支腿盘刚触地为止，绝不允许出现因第五支腿伸出过长而导致前面两支腿松动不受力的情况出现。操作完成后将相应的操作杆扳回到中位。收回第五支腿时，准备工作与前述相同，只需将对应的操作杆拉到缩回位置即可，但必须先全行程缩回第五支腿，然后再收回左右 4 个活动支腿。

(6) 调平起重机。如果伸出支腿升降油缸后起重机未支平，应按下列步骤将其调平。以流动式起重机右侧较高时为例，具体操作步骤如下：首先，将左前支腿操作杆和左后支腿操作杆扳回到中位；然后缓慢将总控操作杆扳向缩回侧，同时仔细观察水平仪，一旦水平仪调平，就将所有操作杆扳回到中位。需要注意的是，必须保证起重机轮胎全部离开地面，每个支腿确实都与地面接触。

支腿操作的注意事项如下：

(1) 流动式起重机必须支承在坚固而平坦的地面上（若地面较软，应在支腿盘座下垫好结实的垫块）。

(2) 起重机水平调整完成后，轮胎要离开地面，调平时要注意观察水平仪，调整完后将支腿操纵阀的各操纵手柄扳回至中位。

（3）支腿必须伸到所规定的位置，不允许在只伸垂直支腿而不伸水平支腿的状况下起吊重物。

（4）在起吊重物作业过程中，禁止操作下车支腿操纵阀。若需调整支腿时，必须使重物落地，起重臂全缩后放在吊臂支架上，工作人员必须回到地面后方可进行支腿的调整。

2. 沟坡地段的吊装作业

沟坡地段的吊装作业通常是指吊装场所或吊装机具附近有明沟或暗沟、设备基础边有回填土、场地有较大坡度、河边和路肩边等条件比较复杂、苛刻的环境下进行的吊装作业。在这些环境下进行吊装作业非常危险，如果不能发现问题和处理好吊装机具的基础，在吊装作业受力作用下，则很容易发生地基不均匀沉降引起起重机倾斜甚至翻车，造成重物坠毁、起重机损坏、人员伤亡的重大吊装事故。起重指挥和作业人员在这些环境下使用起重机作业时，必须反复勘查现场，选择最优方案，采取有效措施，才能安全顺利地完成任务。

下面以汽车起重机为例介绍几种常用的支腿地基的处理方法，如图 5-1 所示。

（1）明沟处理方法。在起重机支腿所在位置下方存在明沟或暗沟时，必须先对沟内的设施及其功能进行详细了解。如果沟内有压力管道或电缆线，应实施有效保护措施，例如用沙子填充、增设保护管道、安装盖板等方式对地下设施进行安全处理。之后，在上方铺设枕木和钢制路基箱，根据需要还可添加额外的支撑枕木。若遇到可以开启的暗沟，可以采用与明沟相同的处理方法。若怀疑存在暗沟，可通过观察周围的井口来推断暗沟的情况，并进行适当的处理。

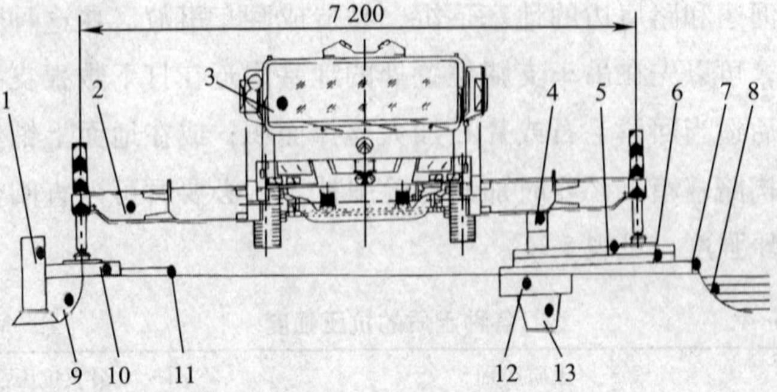

图 5-1　汽车起重机支腿地基处理图

1—设备基础　2—支腿　3—起重机　4—保险腿枕木　5、10—枕木　6—钢结构路基箱　7、11—坡度垫平　8—河边路肩　9—回填土　12—暗沟盖板　13—暗沟

（2）设备基础边有回填土处理方法。在流动式起重机的支腿放置于设备基础附近时，应特别注意检查该区域的地基是否为回填土。回填土地基可能对起重机支腿造成极大风险，因为这种地基在外观上不易识别。如果在未察觉的情况下进行起重作业，尤其是在起重机进行回转动作时，回填土可能会发生下沉，从而引发安全事故。因此，在进行作业前，必须将设备基础周围的回填土挖除，并根据所需的压力强度要求重新进行回填，可以使用毛石、片石、碎石和土混合材料，以确保达到足够的地耐力。完成回填后，按照如图 5-1 所示方法进行处理，铺设枕木或钢制路基箱，并在需要时增设额外的支撑枕木，以增强基础的稳定性和安全性。

（3）有较大坡度的场地。当作业位置场地有较大坡度时，可以去掉高地、填平低洼处，也可以按整机各自支腿范围进行平整处理。然后在上面铺垫枕木或钢结构路基箱，必要时加设保险腿枕木。

（4）河边和路肩边。当作业的位置处在河边和路肩边时，需要特别引起注意，由于河边和路肩边的土质疏松，对吊车支腿最为危险。由于不易察觉，支垫吊车时未发现上述情况，而吊车做回转动作时，河边和路肩边的地基下沉，易造成翻车事故。在这种情况下作业时，可以先在吊车支腿位置处的地基附近，打下数根支撑加固桩，然后适当回填毛石或片石加大支撑面积；或在地面上铺垫枕木或钢结构路基箱，必要时加设保险腿枕木，必要时可以查阅各种土质的抗压强度，见表 5-4。

表 5-4　　各种土质的抗压强度　　MPa

<table>
<tr><th colspan="3">土质类别</th><th>最大抗压强度</th></tr>
<tr><td colspan="3">未经压实的瓦砾土</td><td>0~0.1</td></tr>
<tr><td rowspan="9">自然土地</td><td colspan="2">泥路、沼泽地、荒野</td><td>0</td></tr>
<tr><td rowspan="6">黏合土</td><td>粗砂和石子地</td><td>0.2</td></tr>
<tr><td>泥浆地</td><td>0</td></tr>
<tr><td>软性土地</td><td>0.04</td></tr>
<tr><td>坚实土地</td><td>0.1</td></tr>
<tr><td>半固体土地</td><td>0.2</td></tr>
<tr><td>坚硬土地</td><td>0.4</td></tr>
<tr><td rowspan="2">在良好条件和状态下未受风化的细微裂岩石</td><td>压实地层</td><td>1.5</td></tr>
<tr><td>由块状、粒状岩石构成的地层</td><td>3.0</td></tr>
</table>

3. 狭窄场所内的吊装作业

狭窄空间通常指的是起重机作业区域狭小、环境复杂、条件受限的情况，如石化工厂内部常常布满了错综复杂的工艺管道、密集的塔架、多层框架结构以及密集的设备和建筑物。在追求投资回报和缩短工程周期的驱动下，一些改造项目在生产进行的同时进行施工，这给起重机的吊装工作带来了额外的挑战。此外，在一些狭长的地带，由于水平支腿无法完全展开，起重机在执行起钩、变幅和回转等动作时，存在翻车的风险。因此，在进行吊装作业前，必须对现场进行细致的勘查，审慎选择作业点，以确保任务能够安全、顺利完成。

4. 狭窄场所内的吊装操作实例

以汽车起重机在侧方和后方作业时，左侧支腿不能全伸的工况为例，首先将支腿操作杆扳至水平油缸位置，将总控手柄扳至伸出位置，同时仔细观察左侧支腿是否接近障碍物，等左侧支腿伸到一定位置时，将其操作杆扳回至中位。继续操纵右侧支腿操作杆至右侧支腿全伸，最后把支腿操作杆扳至垂直油缸位置，调平整车。

在操作中应注意，水平支腿伸出接近障碍物时，速度不宜太快；同时当支腿跨距减小时，整机稳定性减小，额定起重量也要随之减小；当起升、变幅、回转动作时，要仔细观察运动过程中是否存在与其他物体碰撞风险。

二、起重作业

1. 起重吊点的选择

在吊装各种物体时，为避免物体的倾斜、翻倒、转动，应根据物体的形状特点、重心位置，正确选择起重吊点，使物体在吊运过程中有足够的稳定性，以免发生事故。

（1）物体的稳定。起重吊运作业中，物体的稳定应从物体放置和吊运过程两方面考虑。

放置物体时存在支承面的平衡稳定问题，长方形物体竖放时，不同位置上的受力分析不同。长方形物体处于正常状态时，重力 G 作用线通过物体重心与支反力 R 处于平衡状态；当物体在外力 F 的作用下时稍有倾斜，但重力 G 的作用线未超过支承面，此时三个力形成平衡状态，如果去掉外力，物体就会恢复到原来位置；当增加外力 F，物体倾斜到重力 G 作用线超过支承边缘支反力 R 时，即使不再施加外力，物体也会在重力 G 与支反力 R 形成的力矩作用下倾倒，即失稳。由此可见，要使原来处于稳定平衡状态的物体，在重力作用下翻倒，必须使物体的重力作用线超出支承面；如果将物体改为平放，其重心降低了很多，再使其翻倒就不容易了，这说明加大重物的支承面积、降低重物的重心能有效提高物体的稳定性。

物体吊运过程中要有可靠的稳定性，就需要防止在提升、运输过程中使物体发生翻转、摆动、倾斜，应使吊点和被吊物重心在同一条铅垂线上。

流动式起重机保持稳定的条件：

$$G' \times a > G \times b$$

式中 G'——起重机械的自重载荷，N；

a——起重机械的自重载荷到支承边的距离，m；

G——起重机械的起吊载荷，N；

b——起重机械的起吊载荷到支承边的距离，m。

（2）物体吊点选择。利用试吊法选择吊点，估计物件重心位置，采用低位试吊的方法来逐步找到重心，确定吊点的绑扎位置，不同类型的物体吊点选择方法介绍如下：

长形物体吊点的选择如图5-2所示。对于长形物体，若采用竖吊，则吊点应在重心之上。用一个吊点时，吊点位置应在距起吊端0.3 L（L为物体长度）处；如采用两个吊点时，吊点距物体两端的距离为0.2 L；采用三个吊点时，其中两端的吊点距两端的距离为0.13 L，而中间吊点的位置应在物体重心位置；采用4个吊点时，两端的两个吊点距两端的距离为0.095 L，中间两个吊点的距离为0.27 L。吊装方形物体一般采用4个吊点，4个吊点位置应选在边对称的位置上。吊点应与吊物重心在同一条铅垂线上，使吊物处于稳定平衡状态。注意防止吊物在提升时发生滑动或滚动。

两台起重机抬吊同一物体时的吊点。物体的重量超过一台起重机械的额定起重量时，通常采用两台起重机使用平衡梁吊运物体的

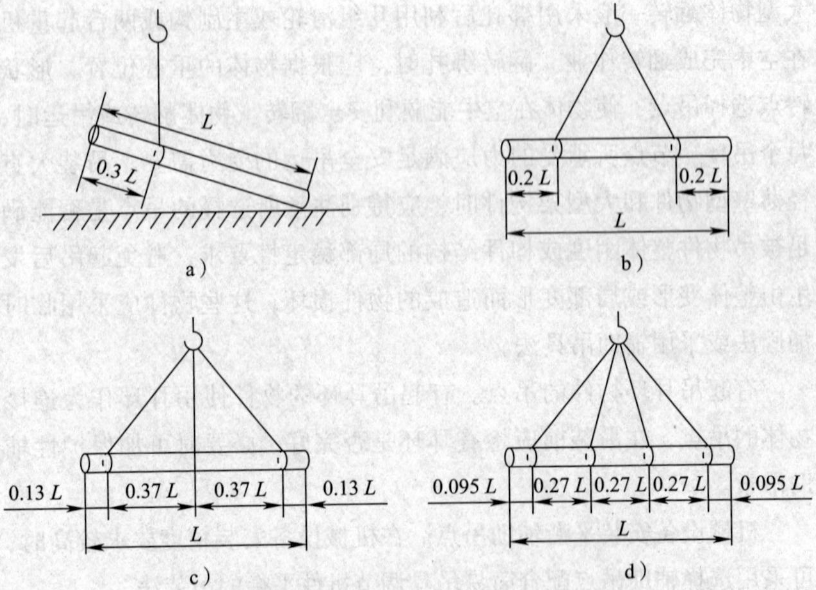

图 5-2　长形物体吊点的选择

a）一个吊点起吊位置　b）两个吊点起吊位置

c）三个吊点起吊位置　d）四个吊点起吊位置

方法。此方法应满足两个条件：被吊装物体的重量与平衡梁重量之和应小于两台起重机额定起重量之和，并且每台起重机的起重量应留有 1.2 倍的安全系数。利用平衡梁合理分配载荷，使两台起重机均不超载。当两台起重机起重量相等时，则吊点应选在平衡梁中点处。当两台起重机起重量不等时，则应根据力矩平衡条件选择吊点距离。在两台起重机同时吊运一个物体时，正确地指挥两台起重机统一动作是安全完成吊装工作的关键。

物体翻转吊点的选择。兜翻是常见的物体翻转方法，将吊点选择在物体重心之下，或将吊点选择在物体重心一侧。物体兜翻时应根据需要加护绳，护绳的长度应略长于物体不稳定状态时的长度，同时应指挥吊车，使吊钩顺向移动，避免物体倾倒后的碰撞冲击。

大型物体翻转一般采用绑扎后利用几组滑轮或主副钩或两台起重机在空中完成翻转作业。翻转绑扎时，应根据物体的重心位置、形状特点选择吊点，使物体在空中能顺利安全翻转。物体翻转或吊运时，每个吊环、节点所承受的力应满足安全吊运的受力需要。吊装大直径薄壁型物件和大型架构件时，应特别注意所选择的吊点是否能满足被吊物件整体刚度或构件结构的局部稳定性要求，避免起吊后发生由整体变形或局部变形而造成的物件损坏，这些物件应采用临时加固法或采用辅助吊具法。

有起吊耳环物件的吊点。有起吊耳环的物件使用耳环作为连接物体的吊点，在吊装前应检查耳环是否完好，必要时可加保护性辅助吊索。

机械设备安装平衡辅助吊点。在机械设备安装精度要求较高时，可采用选择辅助吊点配合简易吊具调节机件平衡的吊装法。

2. 吊装物件的绑扎

为了保证物件在吊装过程中安全可靠，吊装之前应根据物件的重量、外形特点、精密程度、安装要求、吊装方法，合理选择绑扎法及吊索具。

（1）柱形物体的绑扎方法。该绑扎方法通常分为平行吊装绑扎法和垂直斜形吊装绑扎法。

平行吊装绑扎法有以下两种情况：用一个吊点，仅用于短小、重量轻的物品，在绑扎前应找准物件的重心，使被吊物处于水平状态，如图5-3所示；用两个吊点，绑扎在物件的两端，常采用双支穿套结索法和吊篮式结索法，如图5-4所示。

垂直斜形吊装绑扎法多用于物件外形尺寸较长、对物件安装有特殊要求的场合。其绑扎点多为一点绑扎（也可两点绑扎）。绑扎位置在物体端部，绑扎时应根据物件重量选择吊索和卸扣，并采用双圈或双圈以上穿套结索法，防止物件吊起后发生滑脱。

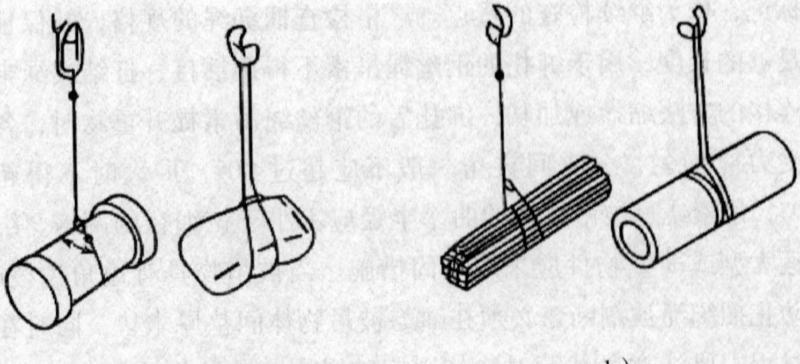

a）　　b）

图 5-3　平行吊装绑扎法（一个吊点）

a）单圈单支吊索穿套结索法　b）双圈单支吊索穿套结索法

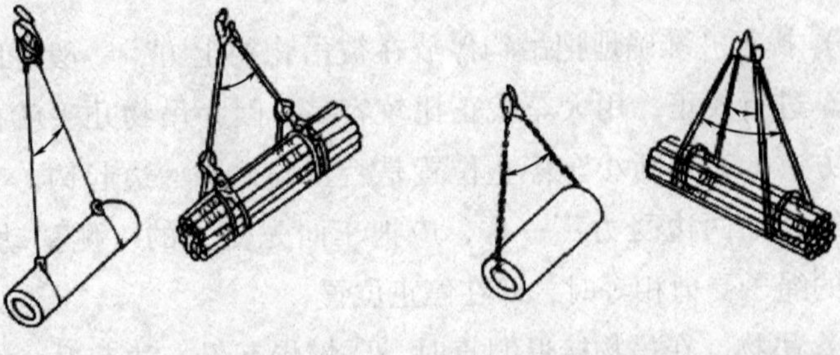

a）　　b）

图 5-4　平行吊装绑扎法（两个吊点）

a）双支穿套结索法　b）吊篮式结索法

（2）长方形物体绑扎方法。通常采用平行吊装两点绑扎法，如果物件重心居中可不用绑扎，采用兜挂法直接吊装。

3. 绑扎物体安全要求

绑扎前必须正确计算或估算物体的重量及其重心的确切位置，将物体的重心置于捆绑绳吊点范围之内。绑扎用钢丝绳吊索，卸扣的选用要留有一定的安全余量，绑扎前必须进行严格检查。如发现损坏应及时更换，未达到报废标准时，应在出现异常部位处做出明显标记，作为继续检查的重点。严格检查捆绑绳的规格，并保证其有足够的长度，用于绑扎的钢丝绳吊索不得用插接、打结或绳卡固定连接的方法缩短或加长，绑扎后的钢丝绳吊索提升重物时，各分支受力应均匀，分支间夹角一般不应超过 90°，最大时不得超过 120°，吊索绕过被吊重物的曲率半径应不小于该绳径的两倍。绑扎吊运大型或薄壁物件应采取加固措施。当被吊物具有边角尖棱时，为防止捆绑绳被割断，必须在绳与被吊物体间垫厚木块；同时在吊运过程中要注意风载荷对物体引起的受力变化，作业结束卸载时，确认吊物放置稳妥后才可以落钩卸载。

4. 起重作业的操作技术

一般操作技术如下：

（1）找正。准确地把吊钩停放在被吊物的上方，一般可以利用大、小车进行找正，用大车找正比较容易，因为吊物几乎就在司机的正前方。如若判断小车停止位置是否正确，要一边起钩，一边观察钢丝绳，如两边受力不一样，应把车向先受力的一侧移动一点，当两侧的绳子受力相等时，即在停正位置。

（2）吊物。在吊物接近绷直时，要慢慢起升，边起升，边校正大、小车位置，防止将吊物吊起后，出现摆动而伤人或吊物脱落。

（3）点车。当吊物将要吊起或落下接近目标位置时，这时司机要连续多次点动，连续点车要有节奏，每两次点车之间的时间等于一次点车的时间，并应与指挥人员密切配合。

（4）停车。停车要稳，如果左右摆动，会给吊装作业造成困难。由停车所产生的振动，除与制动器有关外，主要决定于司机操作方法是否正确。

（5）落活。应在吊物接近地面时缓慢有节奏地下落，一落到底容易使吊物倾倒。

（6）吊运。当吊运司机室一端的物件时，应把小车先开到吊运线路后，再把吊物吊到目的地，避免由于司机室影响视线而造成事故。

（7）稳钩。为了实现吊钩在流动式起重机械操作中的平稳停靠和随车稳定运行，需要掌握一定的操作技巧。稳钩的关键在于捕捉吊钩摆动到最大幅度且尚未开始回摆的那一刻，随即让起重机械向摆动的方向移动。在这一过程中，通过钢丝绳施加一个与吊钩摆动方向相反的力，以平衡作用在吊钩上的水平力，达到减少或消除摆动的目的。在进行稳钩操作时，应调整起重机械的移动距离，确保吊钩中心点在垂直线上，同时保持适当的跟车速度。对于横向摆动，应操作大车进行稳钩；对于纵向摆动，应操作小车进行稳钩；而对于斜向或复合方向的摆动，则需要同时操作大车和小车进行稳钩。通过这样的操作，可以有效地控制吊钩的摆动，确保货物安全稳定地运输至指定位置。

（8）翻活。翻活是司机经常遇到的一种操作，分地面翻转和空中翻转两种。在地面翻转时，一般用一个吊钩操作；在空中翻活时，一般用两个吊钩操作，地面翻活有兜翻、游翻、带翻三种。

1）兜翻。即把钢丝绳扣挂在被翻物的底部或侧面的下角部位，吊钩必须垂直向上吊，边吊边校正大、小车位置，使吊钩始终处于垂直状态。当被翻物件的中心超过支撑点时，物件就会自行翻转。这时，不论吊活用的钢丝绳松紧，都要立即向下落钩。兜翻主要用于不怕碰撞的毛坯件之类的物件。

2）游翻。即把被翻物件吊起来后，再开车造成人为摆动，把被翻物件摆到幅度最大的瞬间时迅速落钩，同时向回开车。当被翻物件下部着地后，上部就在惯性作用下继续向前倾倒，这时，吊钩就要顺势落下，同时开车继续校正，使吊钩在游翻过程中保持垂直。游翻主要用于扁体物件的翻转。

3）带翻。即把被翻物件吊起来后，再立即落下，落到钢丝绳绷紧的程度，然后向要翻倒的方向开车，把被翻物件带倒。在被翻物趋于自行倾倒时要顺势落钩，落钩时要使吊钩垂直。带翻属于用歪拉的作业方法进行翻活（在翻活时这种作业是正常的），但最大斜拉角度不得大于 5°，一般以 3°左右为宜，如要大于 5°时，必须改变吊挂方法和采取其他措施。

（9）双吊钩作业。切换主副吊钩使用时，应避免在两者高度一致时同时操作两个吊钩。这种做法可能导致操作员分心，忽略了对另一个吊钩的监控，从而可能因忘记其中一个吊钩仍在上升而引发“吊钩冲顶”事故。此外，如果在同时提升两个吊钩的过程中还操作大车或小车，可能会引起上升中的吊钩剧烈摆动。在吊钩接近极限位置时，如果操作员因忘记而未能及时停止上升的吊钩，即便上升限位开关功能正常，也可能无法有效防止吊钩冲顶事故的发生。因此，在操作过程中，必须始终保持对所有吊钩状态的关注，确保安全限位装置能够正常工作，以避免任何可能导致吊钩意外上升的事故。

第6单元

起重机械司索与指挥

模块1　司索与指挥人员安全技术操作规程

起重作业是周期性间歇作业，这是由它的特殊运动形式和作业特点决定的，技术性强、危险性大，作业人员配合要求高，整个工作循环需要地面指挥人员、司索工和起重司机三方面人员的紧密配合协调完成。所以，起重作业过程中必须严格遵守安全技术操作规程，否则容易酿成重大事故。

一、司索人员安全技术操作规程

1. 准备工作中安全技术要求

（1）穿戴好劳保用品和劳保鞋，操作者必须戴安全帽及手套，系好工作服的袖口、下襟扣，严禁在现场穿短裤和裙子操作。

（2）工作前，应检查吊具、工具、索具是否完好可靠，严禁超载使用。

（3）起升吊重物前，应仔细检查各连接点是否牢固可靠，所用绳索、链条及吊具是否完好无缺。

达到下列程度的吊具、绳索和链条严禁使用：

1）钢丝绳折断钢丝超过规定的根数。

2）钢丝绳断股或烧坏。

3）钢丝绳表面的钢丝磨损、腐蚀达原直径 40%以上。

4）链条链环直径磨损 5%。

5）链条链环拉直变形。

6）链条的链环已有裂纹。

7）带有裂纹、磨损、锈蚀的吊具。

（4）起吊前，必须明确被吊重物的实际重量，不能超过起重设备和吊具的额定起重量。对吊挂物件的重量不清楚时，不准盲目吊挂。严禁超载起吊。

（5）所选起重索具必须与吊物重量相匹配，绳索与链条的长短和粗细应符合要求，分绳间角度不大于 120°。

2. 捆扎起吊过程中安全技术要求

（1）在捆扎起吊重物时，必须遵守下列安全要求：

1）工作时要戴手套。

2）严禁使用端头散开的绳索。如绳索端头已散开，必须用钢丝扎紧。

3）严禁用手去校正被重物张紧的绳索和链条。

4）在移动、捆结绳索与链条时，不得将手或手指放在重物下面。

5）地面有人时，不得吊起重物停留或通过。

（2）起吊前，捆扎的物体若有锐边，要用木板、棉麻织物或其他软质材料衬垫，捆绑处若有油污也应提前擦拭干净。

（3）捆扎重物后，多余的一段绳索或链条必须绕在吊钩上，不得脱落。

（4）起吊重物上的附件固定不牢靠时，必须在起吊重物前将其取下来，或予以加固。

（5）使用吊横梁起吊时，在捆扎及悬挂重物后，必须保证重量均衡分布在吊横梁两端。

（6）起吊的重物必须捆结牢固，重心要正，受力要均衡，钢索不准绕结和扭曲。

（7）起吊装箱件时，应先检查箱体底脚是否牢固完好，按吊线标志吊挂，并经试吊确认稳妥后方能起吊。箱子或零件码放超高不准挂钩吊运。

（8）起吊挂钩时，严禁用锤子或其他工具敲击已经挂在吊钩上的捆扎好重物的绳索和链条，以防受到强烈冲击。

（9）吊钩（或其他吊具）必须对准起吊重物方可起吊；禁止歪拉斜吊和用起重机吊拔埋在地下的物体，起重机及吊钩运动时严禁吊挂物件。

3. 起重工的工作要求

（1）起重工必须按照统一规定的手势信号指挥。多人工作时，要由专人负责指挥，起吊时应通知附近其他人员离开被吊重物。

（2）重物被吊起离地面 100～200 mm 高时，起重工应发出停止信号，检查重物的捆扎情况，再次确认安全可靠后才可发出继续起吊信号。

（3）当重物在水平方向移动时，应避开其移动空间上的设备、工位器具或建筑物。起重工应跟在吊起重物后面，在任何情况下应能观察到重物移动路线上的情况，时刻注意不准吊起重物在人头上停留和经过。

（4）起重工应使重物落放到妥当平坦的地点，以免发生翻倒事故。在重物降落之前，应预先放好垫木，以便绳索或链条能顺利地从重物下抽出来。禁止将重物落放在各种管道、电缆以及不坚固的盖板上。

（5）在起吊重物就位固定前，起重工不得离开工作岗位，不准在索具受力或吊物悬空的情况下中断工作。装卸时，应做到轻装轻放，重不压轻，大不压小，堆放平稳，捆扎牢固。

（6）严禁用起重机械吊人和用人的力量来平衡重物。

（7）重物悬空时，严禁人在吊物或吊臂下停留或通过。

（8）暴雨、雷电、大雾或六级以上大风天气时，严禁进行露天起重、搬运。

二、指挥人员安全技术操作规程

1. 指挥人员上岗要求及职责

（1）指挥人员应年满 18 周岁（含 18 周岁），具备良好的视力和听力，身体健康，无色盲症。必须经过专门的安全技术培训，并经劳动部门考核合格后，持有安全技术操作证方可从事指挥工作。

（2）指挥人员应佩戴鲜明的标志和特殊颜色的安全帽及其他必要的防护用品，确保作业现场的清洁和安全通道的畅通。

（3）指挥人员负责载荷的重量计算和索具吊具的正确选择，必须在熟悉所指挥的起重机械的技术性能后方可指挥。

2. 指挥人员安全技术规程

（1）指挥位置选择原则如下：

1）应保证与起重机司机之间的视线清楚。

2）在所指定的区域内，应能清楚地看到负载。

3）指挥人员应与被吊运物体保持安全距离。

（2）当指挥人员不能同时看见起重机司机和负载时，应站到能看见起重机司机的一侧，并增设中间指挥人员传递信号。

（3）在开始指挥起吊负载时，用微动信号指挥；待负载离开地面 100~200 mm 时停止，进行试吊，确认安全可靠后，方可用正常起升信号指挥重物上升。指挥人员应熟知并严格执行国家的起重指挥信号标准《起重机　手势信号》（GB/T 5082—2019），确保与起重机司机之间的联络准确无误。

（4）在高栏板车厢及火车装卸货物时，起重驾机司机无法看清车厢内的指挥信号，因此应设中间指挥正确传递信号。

（5）在高空作业时，指挥人员应严格遵守高处作业安全要求，确保自身安全。

（6）指挥起重机械在雨、雪天气作业时，应先经过试吊检验制动器灵敏可靠，然后才能进行正常的起吊作业。

（7）指挥人员不能干涉起重机司机对手柄或旋钮的选择。

（8）指挥人员负责对可能出现的事故采取必要的防范措施。在作业过程中，如发现不安全情况或设备出现异常，应立即停止操作并采取相应措施。

模块2　起重吊运手势信号的认识

指挥信号是起重作业中，起重指挥与起重机司机、起重司索工联系的一种通用语言，它是起重运输工作中的指挥命令。起重指挥在指挥吊装运输时，应该站在适当的位置，既要能看清起吊物体的运动情况，又要能使起重机司机看清自己的清晰指挥信号，同时要留有充分的余地，以防物体移动时碰撞致伤。

一、手势信号的统一规范

本教材所指的指挥信号是《起重机　手势信号》（GB/T 5082—2019）所规定的指挥信号，该标准对现场指挥人员和起重机司机所使用的基本信号和有关安全技术作了统一规定。手势信号应符合下列要求：

1. 手势信号应合理使用，并被起重机操作人员完全理解。

2. 手势信号应做到清晰、简洁，以防止误解。

3. 非特殊的单臂信号可以使用任何一只手臂表示（特殊信号可

以用一只左手或右手表示）。

4. 指挥人员应遵循以下规定：

（1）处于安全位置。

（2）应被操作人员清楚看见。

（3）便于清晰观察载荷或设备。

5. 操作人员接收的手势信号只能由一个人给出，紧急停止信号除外。

6. 必要时，信号可以组合使用。

二、通用手势信号

1. 操作开始（准备）

手心打开，朝上，水平伸直双臂，如图 6-1 所示。

2. 停止（正常停止）

单只手臂的手心朝下，从胸前至一侧水平摆动手臂，如图 6-2 所示。

3. 紧急停止（快速停止）

两只手臂的手心朝下，从胸前至两侧水平摆动手臂，如图 6-3 所示。

图 6-1　准备

图 6-2　正常停止

图 6-3　紧急停止

4. 结束指令

胸前紧扣双手，如图 6-4 所示。

注：结束指令指卸载后，长久或临时性停止指令。

5. 平稳或精确的减速

掌心对扣，环形互搓，如图 6-5 所示。这个信号发出后应配合发出其他的手势信号。

图 6-4　结束

图 6-5　平稳减速

三、水平运动信号

1. 指定方向的运行/回转

伸出手臂，指向运行方向，掌心向下，如图 6-6 所示。

图 6-6　指定方向运行

注：回转指起重机基座静止，载荷绕轴水平运动。运行指起重机的整机（汽车式和轮式）移动。

2. 驶离指挥人员

双臂在身体两侧，前臂水平地伸向前方，打开双手，掌心向前，在水平位置和垂直位置之间，重复地上下挥动前臂，如图 6-7

所示。

3. 驶向指挥人员

双臂在身体两侧，前臂保持在垂直方向，打开双手，掌心向上，重复地上下挥动前臂，如图 6-8 所示。

图 6-7　驶离指挥人员

图 6-8　驶向指挥人员

4. 两个履带的运行

在运行方向上，两个拳头在身前相互围绕旋转，向前如图 6-9 所示，向后如图 6-10 所示。

图 6-9　履带向前

图 6-10　履带向后

5. 单个履带的运行

举起一个拳头，指示一侧的履带紧锁。在身体前方垂直地旋转另外一只手的拳头，指示另外一侧的履带运行，如图 6-11 所示。

6. 指示水平距离

在身前水平伸出双臂，掌心相对，如图 6-12 所示。

图 6-11　单个履带运行

图 6-12　指示水平距离

7. 翻转（通过两个起重机或两个吊钩）

水平、平行地向前伸出两只手臂，按翻转方向旋转 90°，如图 6-13 和图 6-14 所示。

注：足够的安全余量是每台起重机或吊钩能够承受瞬时偏载的保证。

图 6-13　翻转

图 6-14　翻转

四、垂直运动信号

1. 指示垂直距离

将伸出的双臂保持在身体正前方，手心上下相对，如图 6-15 所示。

2. 匀速起升

一只手臂举过头顶，握紧拳头并向上伸出食指，连同前臂小幅地水平画圈，如图 6-16 所示。

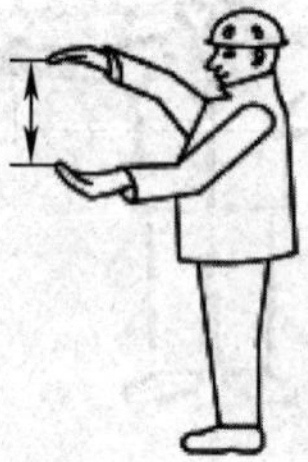

图 6-15　指示垂直距离

图 6-16　匀速起升

3. 慢速起升

一只手给出起升信号，另外一只手的手心放在它的正上方，如图 6-17 所示。

图 6-17　慢速起升

4. 匀速下降

向下伸出一只手臂，离身体一段距离，握紧拳头并向下伸出食指，连同前臂小幅地水平画圈，如图 6-18 所示。

图 6-18　匀速下降

5. 慢速下降

一只手给出下降信号，另外一只手的手心放在它的正下方，如图 6-19 所示。

图 6-19　慢速下降

五、相关部件的运行信号

1. 主起升机构

保持一只手在头顶，另一只手在身体一侧，如图 6-20 所示。在这个信号发出之后，任何其他手势信号只用于指挥主起升机构。当起重机具有两套或以上主起升机构时，指挥人员可通过手指指示的方式来明确数量。

图 6-20　主起升机构

2. 副起升机构

垂直地举起一只手的前臂，握紧拳头，另外一只手托于这只手臂的肘部，如图 6-21 所示。在这个信号发出后，任何其他手势信号只用于指挥副起升机构。

图 6-21　副起升机构

3. 臂架起升

水平地伸出手臂，并向上竖起拇指，如图 6-22 所示。

图 6-22　臂架起升

4. 臂架下降

水平地伸出手臂，并向下伸出拇指，如图 6-23 所示。

图 6-23　臂架下降

5. 臂架外伸或小车向外运行

在身前伸出两只紧握拳头的双手，伸出拇指，指向相背，如图 6-24 所示。

图 6-24　向外运行

6. 臂架收回或小车向内运行

在身前伸出两只紧握拳头的双手，伸出拇指，指向相对，如图 6-25 所示。

图 6-25　向内运行

7. 载荷下降时臂架起升

水平地伸出一只手臂，并向上竖起拇指。向下伸出另一只手臂，离身体一段距离，连同前臂小幅地水平画圈，如图 6-26 所示。

8. 载荷起升时臂架下降

水平地伸出一只手臂，并向下伸出拇指。另一只手臂举过头顶，握紧拳头并向上伸出食指，连同前臂小幅地水平画圈，如图 6-27

所示。

图 6-26　载荷下降时臂架起升

图 6-27　载荷起升时臂架下降

六、起重吊具的控制

起重吊具的手势信号可用于指示吊具的特殊功能。以下是抓斗开闭的手势信号：

1. 抓斗张开

双臂与肩平齐伸直，掌心向下，如图 6-28 所示。

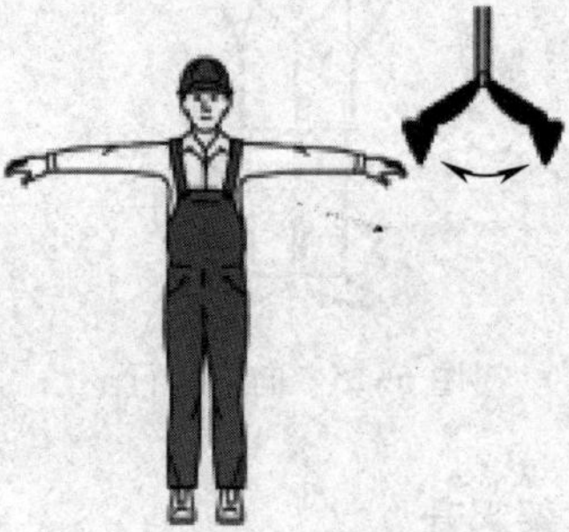

图 6-28　抓斗张开

2. 抓斗关闭

手臂在身体正前方成一环形，十指平行相对，如图 6-29 所示。

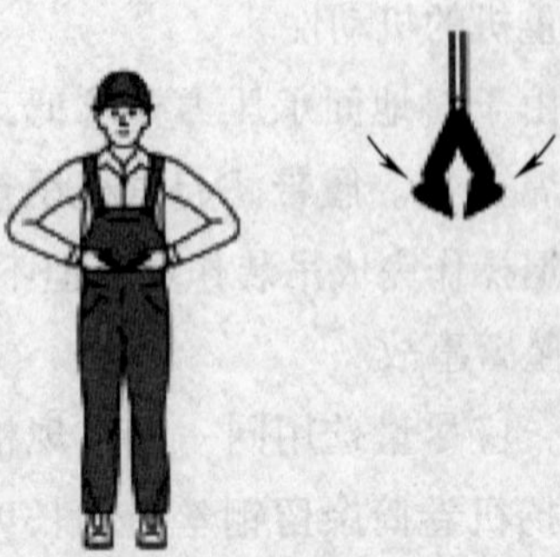

图 6-29　抓斗关闭

模块 3　指挥起重作业的注意事项

由于起重司机是在起重工指挥与协作下实现安全吊装作业的，因此指挥吊装的起重工必须熟悉起重机的性能，了解吊装中的工况安全是由起重机强度控制的，还是由起重机稳定性控制的。要对可能影响起重机稳定的各项因素进行分析，并充分估计其发展的趋势，以超前采取对策，确保吊装中起重机的稳定与安全。现将作为吊装作业指挥者必须掌握的基本知识介绍如下：

1. 选用起重机并确定起重机的站位区域

（1）合理选用起重机。汽车式、轮胎式、履带式起重机各具特色，要依据吊装载荷、方法、现场条件以及现有的起重机型式、规格合理选用。

汽车式起重机：尤其是液压式汽车起重机，具有伸缩臂、变幅、回转、起升等多种功能，操作轻便，起升平稳，能（空载）高速行在远近工作点间调度方便，因而特别机动灵活。

胎式起重机：除了在固定支腿时进行作业外，还可带一定的载荷行驶，扩大了起重机的机动性。

履带式起重机：由于对地面承压力要求低，这对于建设中场地尚未平整好的工地非常适用。履带式起重机吊重时，可通过回转和必要时通过前进、后退操作完成吊装作业。但不可在吊重物时变幅，以防挂不上挡而发生坠臂事故。

采用双机抬吊时，应尽量选用同一型号规格的起重机，且动臂长度、幅度以及主卷扬机卷筒余留钢丝绳的长度均应相等，以便统一指挥，使起重机作同步运动。

（2）合理确定起重机的站位区域。布置起重机的原则是，起重机应尽量靠近被吊设备，吊装中尤其是负载最大时的幅度应尽量小些，同时动臂应位于有利于起重机稳定的地形和方位。

1）滑移法吊装起重机的站位域：一般将起吊设备顶部的起重机称为主吊起重机，而把起吊设备底部的起重机称为辅助起重机。

主吊起重机的布置。用单主吊（即用一台起重机吊装设备的顶部）起重机吊装。当被吊设备为圆柱体时，除考虑平台、管线及现场条件布置主吊起重机外，无特别要求。当被吊设备是棱柱体形状，只要现场条件许可，应在使吊装设备就位瞬间，动臂与被吊设备水平投影的短轴重合。用双主吊起重机吊装，两台起重机一般布置在设备的两侧进行抬吊。

辅助起重机的布置。用单辅助（即用一台起重机吊装设备的尾部）起重机吊装。起重机一般布置在设备的侧面，吊装时通过起重机回转配合跟送，若使用履带式起重机时，吊装中也可以通过起重机行走配合跟送。用双辅助起重机吊装，起重机一般布置在设备两侧。

2）旋转法吊装起重机的站位域：旋转法吊装，起重机一般布置在被吊设备的侧面，且设备吊点与设备基础宜位于以起重机回转中心为圆心、动臂幅度为半径的圆弧上，以便边起吊边回转就位。

2. 指挥起重机吊装作业的注意事项

（1）严禁超载。因超载造成的起重机事故占操作（指挥）错误的比值高达 16%，因此必须高度重视。司机一般向起重工了解被吊物体的重量，有的起重工对超载的严重性认识不足，只是简单估计一下，与实际的重量出入很大。而司机只是在通过试吊后认为没问题就正式起吊，当转臂或变幅时出现超载从而引发事故。使用装有起重量（力矩）限制器且功能有效的起重机可避免发生超载吊装。但当起重量限制器失效或显示有偏差时，同样会发生事故。起重工必须掌握被吊设备的确切重量和设备重心的位置，这是指挥吊装作业的前提。

（2）严禁斜吊。在起重机起吊作业时，斜吊会改变力的作用方向，可能导致翻车。由于斜吊造成重力方向与提升绳索方向不一致，在重物被吊离地面瞬间产生的摆动极易造成碰坏设备或挤伤、打伤周围人员的事故。从统计数据来看，斜吊也是造成事故的重要原因之一。

这里必须强调的是，由于斜吊水平方向分力所产生的倾翻力矩，无法通过起重力矩安全保护装置中反映出来，因此斜吊非常危险。

（3）起重机的支腿要按要求设置。起重机的稳定力矩是建立在支腿平面稳定的基础上的，若支腿下沉，将使起重机失稳。4 个支腿要调整在同一个水平面上（有些起重机没有支腿自动调平装置），地面坡度应≤3°；需要在超过 3°的位置作业时，要有防范措施，并重新核算起重机允许的起重能力。

（4）防止吊装中出现卡阻现象。吊装中因互相干涉（包括重物与起重机相碰撞，以及与高压线、建筑物相碰撞）而发生事故的概率较高，当起重机吊装程序在施工方案中已经确定，吊装过程中能否留有一定的安全距离，应在施工方案中通过坐标计算确定。现场也可以通过模拟吊装，或用简单的模型加以复验。

（5）要熟悉所使用起重机的性能。由于不同型号、规格的起重机的结构、特点不同，对操作的要求也不完全一样，因此只有熟悉其性能，才有可能指挥起重机安全作业。

（6）吊装时吊钩应与水平面垂直。一般情况下，要尽量避免在吊重时伸缩臂，也不应在吊重时快速回转或快速制动。若需要在吊重时伸臂，一般在伸臂的同时相应下放吊钩。

（7）履带式起重机不允许吊重下变幅。起重机动臂从稳定性强的方位转向弱的方位时，要考虑是否符合稳定要求。

（8）是否允许吊重自由下放，要按起重机使用说明书的规定执行。

（9）虽然自行式起重机能够 360°全周回转，但一般情况下不允许吊重时让动臂绕过驾驶室上空。

（10）要认真遵守起重机使用说明书和安全操作规程中要求的其他注意事项。